CONCOURS AGRICOLE

DE CHAMBÉRY

Des 16, 17 et 18 août 1860

SOUS LA PRÉSIDENCE DE M. DIEU
Préfet du département de la Savoie,

ET LE PATRONAGE DE LA MUNICIPALITÉ

PAR M. J^h BONJEAN

SECRÉTAIRE

Membre de l'Académie impériale des sciences de Savoie,
Chevalier de l'Ordre royal des SS. Maurice et Lazare, etc., etc.

CHAMBÉRY

TYPOGRAPHIE MÉNARD ET Cie

Imprimeurs de la Société centrale d'Agriculture
Rue Juiverie, hôtel d'Allinges.

1861

CONCOURS AGRICOLE DE CHAMBÉRY

Société centrale d'agriculture du département de la Savoie

CONCOURS AGRICOLE

DE CHAMBÉRY

Les 16, 17 et 18 août 1860

SOUS LA PRÉSIDENCE DE M. DIEU

Préfet du département de la Savoie

Officier de la Légion d'honneur, commandeur de l'Ordre pontifical de saint Grégoire le Grand, officier de l'Instruction publique, etc.,

ET LE PATRONAGE DE LA MUNICIPALITÉ

CHAMBÉRY

TYPOGRAPHIE MÉNARD ET Cie,

IMPRIMEURS DE LA SOCIÉTÉ CENTRALE D'AGRICULTURE

Rue Juiverie, hôtel d'Allinges

1861

CONCOURS AGRICOLE DE CHAMBÉRY

Les 16, 17 et 18 août 1860

SOUS LA PRÉSIDENCE DE M. DIEU

Préfet du département de la Savoie

Officier de la Légion d'honneur, commandeur de l'Ordre pontifical de saint Grégoire le Grand, officier de l'Instruction publique, etc.,

ET LE PATRONAGE DE LA MUNICIPALITÉ

La Société centrale d'agriculture du département de la Savoie, fondée à Chambéry le 19 avril 1857, sous le roi Victor-Emmanuel II, date à peine de quatre années, et déjà elle a signalé cette première période de son existence par de nombreux et utiles travaux. Composée de 140 membres, elle peut aborder toutes les questions qui intéressent l'agriculture en général, car toutes les professions, toutes les spécialités, toutes les classes y sont représentées. Ainsi, l'horticulture, l'arboriculture, les cultures spéciales, l'économie des animaux, l'industrie agricole, les sciences physiques et chimiques, l'histoire naturelle, la législation agricole, l'irrigation, le drainage, etc., y trouvent de dignes représentants.

C'est dans l'agriculture que les nations puisent leur force et leur richesse, aussi cette vérité a-t-elle été bien comprise par S. M. l'Empereur Napoléon III, qui, dans Sa haute sollicitude pour les grands intérêts agrico-

les, vient d'affecter d'immenses capitaux à cette mère
nourricière des peuples. Le département de la Savoie doit
se féliciter d'avoir à sa tête un administrateur si disposé
à appuyer, sous ce rapport, les vues du gouvernement
impérial ; et déjà nous avons pu nous convaincre que
M. Dieu, appréciant les éléments de réussite qu'il a ren-
contrés autour de lui, seconderait largement nos efforts.
En effet, cet éminent fonctionnaire n'a pas tardé, dès
son arrivée parmi nous, à s'associer à nos travaux, et
à provoquer avec succès d'utiles encouragements pour
e progrès agricole, qui a toujours été de sa part l'ob-
et d'une constante et vive sollicitude.

Ensuite de l'article 13 de son règlement, la Société
centrale d'agriculture du département de la Savoie doit
distribuer chaque année, en séance publique, des encouragements aux agriculteurs, dans le but d'activer les
progrès dans les diverses branches de l'industrie agricole.
A cet effet, pour donner à cette partie importante de son programme une application plus étendue et mieux adaptée
aux intérêts du pays, cette Société a provoqué, à Chambéry d'abord, un concours agricole, auquel elle a con-
vié les cultivateurs, horticulteurs, propriétaires et amateurs des départements de la Savoie et de la Haute-Savoie, ainsi que des localités et villes voisines, en admet-
tant, dans une partie annexe, les produits manufacturés
qui se rattachent à l'agriculture d'une manière plus ou
moins directe.

Afin de répartir partout en Savoie les bons effets de
ces solennités, chaque chef-lieu des deux nouveaux départements annexés où l'agriculture présente une certaine importance, pourra successivement avoir son concours. Et, au moyen de comices cantonaux, que M. le
préfet du département de la Savoie se propose d'établir,
en les rattachant à la Société centrale d'agriculture de
Chambéry, qui en serait le centre de direction, comices
dont chacun distribuerait à son tour, une fois l'an, des

primes d'encouragement bornées aux seuls habitants de son canton, toutes les localités les plus reculées de la Savoie seraient successivement appelées à profiter de ces réunions destinées à augmenter d'une manière notable la prospérité matérielle des agriculteurs et producteurs de tout genre.

Les éléments de succès ne manquent point au pays, le concours de Chambéry l'a surabondamment prouvé. La Savoie tout entière voudra successivement prendre part à ces réunions; elle y fera figurer ses produits aussi riches que variés, et ne laissera pas échapper ces heureuses occasions d'étaler ses richesses, de développer son industrie agricole, et d'accroître ainsi la source principale de son bien-être et de sa prospérité.

Rien n'est plus propre au développement des améliorations agricoles que ces belles et utiles expositions.

Nous avons, il est vrai, un beau et nombreux bétail, gros et petit; les foires d'Aime, de Moûtiers, de Beaufort, du Châtelard, de Montmélian, de Saint-Félix et d'autres localités en fournissent chaque année la preuve convaincante ; mais nos races ont le plus grand besoin d'être améliorées et ramenées à ce type de pureté qui leur fait défaut. L'engraissement du bétail est à peu près inconnu chez nous, et pourtant nous avons en abondance d'excellents et magnifiques pâturages, de superbes et fertiles vallées, et des débouchés que les chemins de fer et l'annexion à la France ne peuvent qu'augmenter, en nous permettant d'approvisionner Genève, Lyon, Grenoble et autres centres voisins, dont nous ne sommes plus séparés que par une distance de quatre à cinq heures.

Les concours agricoles produiront peu à peu ces résultats si désirés, en provoquant et maintenant ces améliorations et ces progrès, en qui réside l'élément le plus sûr de la richesse nationale.

L'exposition des produits et des machines n'est pas

moins nécessaire pour donner à notre sol et à notre industrie agricole un essor nouveau.

Les machines suppléent, dans l'agriculture, aux bras qui lui manquent ; elles aident ceux qu'elle a, et rendent le travail plus complet, plus sûr et plus fécond.

Le catalogue de l'exposition, publié plus loin, montre combien cette partie du concours a été nombreuse et variée ; sous ce rapport, comme sous tous autres, les résultats ont de beaucoup dépassé nos espérances.

Le commerce et l'industrie, qui ont des rapports plus ou moins directs avec l'agriculture, sont toujours représentés dans un concours dont le but principal est de mettre en relief toutes les ressources matérielles d'un pays, les richesses de son sol et les produits de son industrie. L'exposition des produits de tout genre fait connaître ce qu'on peut récolter, fabriquer et fournir ; elle présente un aliment considérable aux débouchés dont ils sont susceptibles, et, en les faisant mieux connaître, elle dispense souvent d'aller acheter bien loin ce qu'on peut trouver près de soi, peut-être à meilleur marché.

Ainsi que l'a dit S. A. I. le prince Louis-Napoléon dans son discours à l'exposition universelle de Paris, qu'il présidait en 1855, les objets primés peuvent à bon droit être signalés au choix et à la préférence du consommateur, par la représentation, sur les lettres, factures, marques de fabriques, etc., du producteur ou fabricant, des récompenses qu'il aura obtenues; l'exposant, moins heureux, qui n'a pu mériter de prime une première année, stimulé et encouragé par l'exemple, reparaîtra avec succès à un autre concours.

Tels sont les résultats des concours agricoles dont on ne saurait contester les immenses avantages ; celui de Chambéry a été le premier pas franchi dans cette voie civilisatrice d'amélioration et de progrès.

La partie annexe de l'exposition, comprenant les produits agricoles et industriels, a été au-dessus de toule prévision, et bien supérieure en nombre et en nature, aux concours régionaux de Bourg et de Mâcon, qui comprenaient pourtant dix départements chacun ! Plus de 300 variétés d'objets de tout genre y étaient représentés, et ont vivement surpris les nombreux visiteurs qui s'y portaient en foule, soit par leur nature exceptionnelle de bonne qualité et de bon marché, soit par l'élégance et la simplicité de leurs formes. Le catalogue qu'on lira plus loin donne à cet égard tous les renseignements nécessaires.

Le programme, qui le précède, promettait des encouragements pour toutes les branches de l'agriculture. En effet, outre les animaux des espèces bovine, ovine, chevaline, porcine et de basse-cour, objet principal du concours, il y a eu des primes pour les fourrages (sorgho, luzernes et betteraves), les blés semés en lignes, la culture de la vigne, l'arboriculture, la floriculture, l'horticulture, les machines à battre, les instruments d'agriculture, etc.

En dehors des prix affectés aux animaux, aux productions agricoles et à la mécanique, l'économie rurale, dans ses applications matérielles et morales, s'y est trouvée l'objet de récompenses analogues. Il importe d'encourager les propriétaires et les agriculteurs qui dirigent une exploitation avec succès, et réalisent des améliorations assez utiles pour être offertes en exemple. Ainsi l'organisation d'un système de bons ouvriers agricoles, l'importation du drainage dans une localité, la création, l'amélioration et l'irrigation de prairies naturelles, l'introduction de machines agricoles recommandées, de bonnes cultures, un beau bétail, des étables bien tenues, des fumiers bien préparés et bien conservés, etc., tout cela a fait partie de notre programme et a fourni de nombreux et dignes concurrents.

D'un autre côté, la commission du programme ne pouvait oublier les valets de ferme, qui, par leur intelligence et leur conduite, méritent une distinction spéciale ; elle a été heureuse d'assigner des récompenses au dévouement et à la bonne conduite de cette partie intéressante des habitants des campagnes, si mobile, si disposée à changer de maître, et chez qui les bons et nobles instincts ont le plus grand besoin d'être développés et encouragés. Les primes accordées à ces vertus domestiques offrent tout à la fois un côté utile et moral. Sous ce point de vue encore, il s'est présenté au concours des personnes dont le mérite, ainsi que le Rapport le fait connaître, ne le cède en rien à celui des lauréats du grand concours régional de Bourg, dont le couronnement a produit sur la foule présente à la distribution des prix une impression de contentement qui s'est traduite, là comme ici, par une explosion d'applaudissements unanimes.

La Société centrale d'agriculture de Chambéry n'a eu jusqu'ici d'autres ressources matérielles que le produit modique de la cotisation de ses membres, fixée à 12 fr. par an, et à 6 fr. seulement pour les cultivateurs *travaillant de leurs propres mains* ; il lui était donc impossible de venir en aide au concours autrement que par son initiative, la conduite et la direction de cette grande solennité agricole. Mais elle a trouvé dans le gouvernement actuel et la municipalité, ainsi qu'en la personne d'un des plus nobles enfant de la Savoie, dont le pays déplore la perte récente, des moyens suffisants de parer aux éventualités produites, et de couvrir le montant des dépenses dont le chiffre s'est trouvé presque doublé par la raison toute simple que le concours, dans toutes ses parties, a dépassé de moitié au moins ce qu'il était raisonnablement permis d'attendre du pays, non encore initié à ces expositions, et où l'indifférence, l'apathie et la routine sont, en général, les caractères les plus saillants de l'habitant des campagnes.

Ce concours devait avoir lieu en 1859, mais il a dû être renvoyé à 1860, par des empêchements imprévus,

nés du passage des troupes françaises qui allaient généreusement prêter au Piémont le secours de leurs armes
pour l'indépendance de l'Italie.

A cette époque, M. le comte Pillet-Will, dont la main
généreuse était sans cesse ouverte à tous les besoins,
voulut contribuer aux frais du concours par un don en
espèces, affecté particulièrement à l'achat des médailles,
et à la fabrication du *coin* destiné à les frapper.

Voulant témoigner sa reconnaissance à cet homme
d'élite, que la France compta au nombre de ses plus habiles administrateurs, et que la mort a enlevé trop tôt à
son pays natal, dont il était le bienfaiteur, la Société
arrêta par acclamation, dans sa séance du 7 janvier,
qu'il serait offert au noble comte un écrin contenant une
médaille commémorative de cette décision, et sur laquelle
seraient écrits ces mots :

AU COMTE PILLET-WILL

LA SOCIÉTÉ CENTRALE D'AGRICULTURE DE CHAMBÉRY RECONNAISSANTE.

7 janvier 1860.

Le mois suivant, le *Moniteur universel* annonçait la
mort, à jamais regrettable, de cet illustre et aimé compatriote.

La Société s'adressa ensuite à la municipalité, pour
la prier d'accepter le patronage de cette première solennité, et d'y concourir dans la mesure de ses forces. Le
dévouement et le zèle qui distinguent les membres éclairés de ce conseil, l'esprit d'initiative et les dispositions
de son jeune chef pour tout ce qui tient au progrès de
l'agriculture et aux intérêts généraux du pays, assu-
raient d'avance le succès de nos démarches. En effet,
par suite de délibérations successives, provoquées par
monsieur le maire de Chambéry (1), le conseil municipal a

(1) M. le baron d'Alexandry.

voté dans ce but des allocations, sinon en rapport avec l'importance du sujet, du moins compatibles avec les ressources de son budget. Monsieur le maire a nommé en outre trois membres du conseil, MM. les chevaliers Forest Guillaume, ancien sénateur, Martin Louis, fabricant, et le comte Marin, agronome, pour représenter la ville dans cette solennité.

Enfin, sur la demande de M. Dieu, préfet du département, qui a bien voulu accepter la présidence de cette fête agricole, et nous prêter en cette circonstance un concours actif et puissant, des sommes importantes nous ont été accordées par son S. E. M. Rouher, ministre de l'agriculture et du commerce, et par le conseil général, sur les fonds affectés à l'amélioration de la race bovine et aux progrès de l'agriculture.

Grâce à cet ensemble de forces réunies, la Société a pu donner à cette exposition une grandeur et un éclat dignes des hauts personnages qui l'ont encouragée, et mettre en relief les produits de notre sol et de notre industrie, dont l'exhibition a attiré dans nos murs, malgré la persistance des pluies, un nombre extraordinaire d'habitants des localités environnantes et des villes voisines.

Depuis l'année dernière, la compagnie du chemin de fer Victor-Emmanuel, pour faciliter les exposants, avait consenti à une réduction de moitié sur les prix du tarif, pour le transport de tous les objets relatifs au concours, par grande et petite vitesse, tant pour l'aller que pour le retour. Sur la demande de M. le préfet de Chambéry, la même faveur a été accordée par les compagnies de Paris à Lyon, de Lyon à Genève et du Dauphiné.

Que le gouvernement de S. M. Napoléon III, que la municipalité et ces compagnies reçoivent ici le tribut de nos hommages reconnaissants, pour le concours que chacun nous a prêté dans l'accomplissement de cette œuvre d'utilité publique.

Nous devons encore comprendre dans nos remerci-
ments :

1° MM. les maires et curés de la Savoie, à qui des
programmes du concours avaient été adressés, avec
prière de stimuler les producteurs, de vaincre leur indifférence habituelle, d'aplanir les difficultés qu'ils pouvaient opposer, et de les engager vivement à prendre
part à cette première exposition dans leurs propres intérêts comme dans celui du pays ;

2° Le conseil de la compagnie des chevaliers tireurs
de Chambéry, qui a bien voulu mettre à notre disposition le clos du Verney pour l'exposition des produits
agricoles et industriels, ainsi que des instruments et machines admis au concours. Les animaux ayant leur place marquée dans les allées de la promenade la plus rap-
prochée de ce clos, on a pu ainsi concentrer dans un même endroit toutes les parties de l'exposition ;

3° Les journaux du pays, ceux de Lyon, Bourg, Nan-
tua, Grenoble, etc., qui ont beaucoup contribué à augmenter le nombre des exposants par l'appui réitéré
d'une publicité bienveillante ;

4° L'administration des douanes, qui s'est empressée
d'autoriser les agriculteurs et industriels de la zone de
franchise de la Haute-Savoie, à importer temporaire-
ment, en exemption de droits, les animaux et les produits destinés au concours.

A tous il revient une part du succès qui a couronné
cette solennité, destinée à produire dans nos deux départements annexés les plus beaux résultats comme les
plus heureuses conséquences.

Le Verney, cette promenade ornée de tilleuls séculaires, présentait l'emplacement le plus favorable à une exposition de cette nature. Pour y faciliter l'installation matérielle du concours, la commission du programme dé-
légua à Bourg, deux de ses membres, MM. Dufour ingénieur et agent voyer chef à Chambéry, et Joseph Bonjean

pour y recueillir les ren seignements nécessaires, et profiter de l'expérience des personnes chargées d'organiser le grand concours régional qui a eu lieu en 1859 dans cette capitale de la Bresse. Monsieur le maire et ses adjoints ont fait à MM. Dufour et Bonjean, l'accueil le plus courtois, et ont mis obligeamment à leur disposition une copie de tous les documents. manuscrits et imprimés relatifs en l'espèce, ainsi que toutes explications qui pouvaient leur être utiles.

Dans sa séance du 7 juillet, la Société a voté de vifs remercîments à la municipalité de Bourg, pour avoir fait à ses délégués une réception si cordiale et si profitable.

C'est ensuite de cette visite à Bourg, que la commission du programme a traité avec M. Bied, entrepreneur de fêtes publiques (1), et déjà chargé des concours de Bourg, Mâcon, Paris, Bordeaux et autres, pour la confection des loges destinées à recevoir les animaux admis au concours, des tentes affectées à l'exposition des produits agricoles et industriels, et de l'estrade d'honneur réservée aux membres du jury pour la distribution des récompenses.

Toutes ces constructions ont été établies au Verney, dans les grandes allées de tilleuls admirablement disposées pour la circonstance.

Les animaux de l'espèce bovine et chevaline occupaient seuls une rangée de loges d'une longueur de plus de 300 mètres. L'arrangement présentait en général un coup d'œil à la fois élégant et gracieux ; et, malgré le mauvais temps, cette partie du concours n'a cessé d'être visitée par des milliers de personnes qui venaient admirer la beauté et la forme de bon nombre d'animaux qui n'eussent point été déplacés dans les concours universels des grandes capitales.   J. Bonjean.

(1) Rue de Strasbourg, 8, à Paris.

PROGRAMME DES PRIX

Arrêté dans la séance du 5 mars 1860.

1re DIVISION. — ANIMAUX.

(Races du pays.)

Première section. — Race bovine.

1° *Taureaux.*

(Agés de 2 à 6 ans.)

Premier prix. — Une médaille en vermeil et 100 fr.
Deuxième prix. — Une médaille d'argent et 75 fr.

2° *Vaches laitières.*

(De 5 à 8 ans.)

Premier prix. — Une médaille en vermeil et 80 fr.
Deuxième prix. — Une médaille d'argent et 60 fr.
Troisième prix. — Une médaille de bronze et 40 fr.

3° *Génisses.*

(Au-dessus de 2 ans.)

Premier prix. — Une médaille en vermeil et 60 fr.
Deuxième prix. — Une médaille d'argent et 45 fr.
Troisième prix. — Une médaille de bronze et 30 fr.

4° *Taureaux étrangers de race employés en Savoie.*

(De 2 à 6 ans.)

Premier prix. — Une médaille en vermeil et 120 fr.
Deuxième prix. — Une médaille d'argent et 100 fr.

Deuxième section. — Race chevaline de Savoie.

5° *Juments poulinières.*

(De 4 à 7 ans.)

N. B. Les juments poulinières obtiennent déjà une prime du gouvernement.

Premier prix. — Une médaille en vermeil et 75 fr.
Deuxième prix. — Une médaille d'argent et 50 fr.

6° *Mules et Mulets.*

(De 4 à 7 ans.)

Premier prix. — Une médaille en vermeil et 100 fr.
Deuxième prix. — Une médaille d'argent et 80 fr.

Troisième section. — Race ovine.

7° *Moutons.*

(Une paire au moins.)

Premier prix. — Une médaille d'argent et 60 fr.
Deuxième prix. — Une médaille de bronze et 40 fr.

Quatrième section. — Race porcine.

8° *Porcs gras.*

(Race indigène.)

Premier prix. — Une médaille d'argent et 50 fr.
Deuxième prix. — Une médaille de bronze et 50 fr.

9° *Porcs gras.*

(Race étrangère.)

Premier prix. — Une médaille d'argent et 50 fr.
Deuxième prix. — Une médaille en bronze et 50 fr.

Cinquième section. — Animaux de basse-cour.

10° *Poules, coqs, dindons, canards, oies, lapins, etc.*

(Pour les plus belles collections.)

Premier prix. — Une médaille d'argent et 60 fr.
Deuxième prix. — Une médaille de bronze et 50 fr.

2ᵐᵉ DIVISION. — PRODUITS AGRICOLES.

Première section. — Fourrages.

11° *Luzerne.*

(On tiendra compte de l'étendue du domaine.)
Premier prix. — Une charrue armelin.
Deuxième prix. — Un instrument agricole de la valeur de 40 f.

12° *Sorgho* (1).

(Pour 14 ares, soit un demi-journal au moins.)
Premier prix. — Une médaille d'argent et 50 fr.
Deuxième prix. — Une médaille de bronze et 25 fr.

13° *Betteraves.*

(14 ares, soit un demi-journal au moins.)
Premier prix. — Un coupe-racine durand.
Deuxième prix. — Une bincuse allemande.

Deuxième section. — Céréales.

14° *Blé semé en ligne et par poquets.*

(28 ares, soit un journal au moins.)
Premier prix. — Une charrue armelin.
Deuxième prix. — Un instrument de la valeur de 40 fr.

Troisième section. — Viticulture.

15° *Culture de la vigne.*

Premier prix. — Une médaille en vermeil.
Deuxième prix. — Une médaille d'argent.

Quatrième section. — Arboriculture.

16° *Plantations d'arbres fruitiers.*

(Cultivés surtout d'après les nouveaux procédés.)
Premier prix. — Une médaille en vermeil.
Deuxième prix. — Une médaille d'argent.

(1) Ces prix n'ont pas été décernés.

Cinquième section. — Floriculture.

17° Collections de fleurs.

(En vases, en branches ou en bouquets.)

Premier prix. — Une médaille d'argent.
Deuxième prix. — Une médaille de bronze.

Sixième section. — Horticulture.

18° Collections de fruits.

(De la saison, primeurs et conservés.)

Premier prix. — Une médaille d'argent.
Deuxième prix. — Une médaille de bronze.

19° Collections de légumes.

(De la saison, primeurs et conservés.)

Premier prix. — Une médaille d'argent.
Deuxième prix. — Une médaille de bronze.

3me DIVISION. — MÉCANIQUE.

20° Machines à battre et instruments d'agriculture.

(On recevra les machines et instruments de toute fabrique
française et étrangère.)

Premier prix. — Une médaille en vermeil et 100 fr.
Deuxième prix. — Une médaille d'argent et 75 fr.

On décernera en outre, s'il y a lieu :

2 médailles en vermeil ;
3 médailles d'argent.

4me DIVISION. — ÉCONOMIE RURALE.

21° Terres, étables et engrais.

(Aux cultivateurs qui auront donné les soins les plus intelligents à la culture des terres, à la tenue des étables, à la
préparation et à la conservation des fumiers.)

Premier prix. — Une médaille en vermeil et 100 fr.
Deuxième prix. — Une médaille d'argent et 75 fr.
Troisième prix. — Une médaille de bronze et 40 fr.

22° Domestiques de ferme.

(A ceux qui, par leur intelligence et leur conduite, auront mérité une distinction spéciale. A mérite égal, on tiendra compte de la durée des services.)

Premier prix. — Une médaille en bronze et 40 fr.
Deuxième prix. — Une médaille en bronze et 30 fr.
Troisième prix. — Une médaille en bronze et 20 fr.

Dispositions générales.

ARTICLE PREMIER.

Des mentions honorables pourront en outre être accordées, après avoir épuisé les prix et médailles portés au présent programme.

ART. 2.

Comme le commerce et l'industrie, qui ont des rapports plus ou moins directs avec l'agriculture, doivent être représentés à ce concours et y prendre une part active, on admettra à l'exposition les objets en provenant, tels que : tuiles, drains, poteries, statuettes, ciments, vins, liqueurs, alcool, mesures de capacité, pressoirs, soies, pâtes, fécules, cuirs, papiers et cartons, surtout les papiers de corde et de paille pour emballages, ornements de jardins, fromages, miel, cire, ardoises, minéraux, fontes, aciers, bois, ustensiles de ménage, etc.

Ces produits pourront être de la part du jury l'objet de récompenses en rapport avec leur mérite.

ART. 3.

Le nom des lauréats sera inscrit sur les médailles et sur les instruments qu'ils auront obtenus, et chaque prix sera accompagné d'un diplôme relatant le sujet de la récompense.

ART. 4.

Pour être admis à exposer ou à concourir, il faut adresser, au plus tard *le 31 juillet* prochain, à *M. Joseph Bonjean, secrétaire de la Société,* une déclaration écrite contenant, en caractères lisibles, les nom, prénom et lieu de résidence du demandeur.

Toutefois, les demandes concernant les terres, étables et engrais, numéros 21 et 22 du programme, devront être adressées *au plus tard le 25 juillet*, afin que les commissions nommées à cet effet aient le temps d'aller sur les lieux examiner en temps utile les sujets de prix afférant à cette partie du concours.

Art. 5.

Toute demande devra contenir en outre :

Pour les animaux, la race, l'origine et l'âge ;

Pour les produits agricoles et industriels, la nature, la provenance, la quantité et le prix ;

Pour les cultures à primer, leur nature et leur surface cultivée ;

Pour les machines et instruments, la désignation, l'usage et le prix ; s'ils ont été importés, inventés, perfectionnés, ou fabriqués sur des données connues, et, s'il y a lieu, le nom et la demeure de l'ouvrier exécutant ;

Pour les terres, étables et engrais, l'étendue du terrain, la nature des améliorations produites, etc.

Pour les valets de ferme, l'âge, la durée du service, les traits de moralité et de probité, les services rendus, et tous autres renseignements nécessaires pour éclairer la conviction du jury.

Art. 6.

Toute demande adressée après le délai fixé en l'article 4 sera considérée comme nulle ; cependant, les animaux et les objets que ces demandes concerneront, pourront figurer à l'exposition, mais non être admis au concours.

Art. 7.

Aucun animal ne sera admis au concours s'il n'a été préalablement agréé par une commission nommée à cet effet.

Art. 8.

Les machines et instruments, les produits d'agriculture et industriels, devront être présentés à Chambéry, au lieu à ces fins destinés, pendant les trois jours qui précèdent l'ouverture de l'exposition, et les animaux, un jour au moins avant cette ouverture.

Art. 9.

Les frais de conduite et de transport sont à la charge des exposants. Mais le conseil d'administration de la compagnie du chemin de fer V. E. a généreusement consenti à une réduction de moitié sur le prix de transport des animaux, instruments et autres objets destinés au concours, ainsi que sur le prix des places des conducteurs de bestiaux, tant pour l'aller que pour le retour.

Pour jouir de cette faveur (1), chaque exposant devra justifier de son titre au moyen d'une carte qui lui sera délivrée à cet effet par la commission du programme (2).

Art. 10.

Les animaux admis au concours d'après l'art. 7, seront nourris aux frais de la Société durant toute la durée de l'ex-position.

La Société se charge en outre des frais de placement et de surveillance des objets exposés ; mais les arrangements particuliers (vitrines, encadrements, etc.) restent à la charge des exposants.

---

(1) Les compagnies de Paris à Lyon, de Lyon à Genève et du Dauphiné, ont bien voulu accorder plus tard les mêmes avantages, sur la demande de M. le préfet de Chambéry.

(2) Cette carte est ainsi conçue :

Société centrale d'agriculture du département de la Savoie.

Concours agricole à Chambéry.

Les 16, 17 et 18 août 1860, sous la présidence de M. Dieu, préfet du département de la Savoie et le patronage de la municipalité.

CARTE D'EXPOSANT

Délivrée à M. (Nom, prénoms, qualités et domicile), *inscrit sous le* n° (tiré du registre d'inscription par ordre de date) *pour les objets suivants* (objets exposés).

Le Président de la Société, Fleury Lacoste.
Le Secrétaire, Joseph Bonjean.

Art. 11.

Aucun animal, aucun objet ne pourront être enlevés pendant la durée de l'exposition, sans une autorisation préalable du comité d'organisation.

Art. 12.

Les propriétaires d'animaux, de machines et d'instruments primés, devront les laisser à la disposition des commissaires pendant la journée du 19, pour les opérations de marque, de photographie et autres.

Art. 13.

Toute contravention au présent arrêté, toutes réclamations et toutes questions non prévues seront jugées par le jury.

Art. 14.

Il sera ultérieurement pourvu à la nomination des commissions chargées de l'examen des divers objets exposés, à celle du jury qui décernera les récompenses, et à toutes dispositions relatives à l'organisation, l'ordre et la tenue du concours.

Art. 15.

Pour donner plus d'importance et d'éclat à cette solennité, l'Académie Impériale des sciences et la Chambre d'agriculture et de commerce, de Savoie, décerneront, le jour de la distribution des primes, le prix de 500 fr. proposé par cette chambre pour la culture des mûriers, et les 300 fr. dont l'Académie dispose annuellement sur la fondation Pillet-Wil, pour faciliter dans nos deux départements l'introduction des meilleurs instruments agricoles.

Art. 16.

Les récompenses seront décernées, sur le rapport des commissions spéciales, par un jury composé de 19 membres, présidé par la première autorité administrative du pays.

Art. 17.

En cas d'absence, le président du jury sera remplacé

par le vice président, fonction dévolue de droit au premier magistrat de la cité.

ART. 18.

Les jugements seront prononcés à la simple majorité des voix.

Le jury ne pourra valider aucune décision, s'il ne réunit au moins la moitié de ses membres plus un ; et, en cas de partage, la voix du président sera prépondérante.

ART. 19.

Chaque ordre d'objets exposés sera soumis à l'examen d'une commission spéciale, prise parmi les membres de la Société centrale d'agriculture, et chargée de présenter au jury un rapport sur le résultat de ses délibérations.

ART. 20.

Chaque commission choisira dans son sein un président et un secrétaire ; les délibérations seront prises à la majorité des voix.

ART. 21.

Toute délibération, pour être valide, devra réunir au moins la moitié plus un des membres de la commission. En cas de partage, la voix du président sera prépondérante.

ART. 22.

Un exemplaire du présent programme sera adressé à toutes les communes de la Savoie par la bienveillante entremise des autorités administratives, pour le faire afficher au plus tôt devant la maison commune.

Il sera mis en outre à la disposition desdites autorités un nombre suffisant d'exemplaires de ce programme, avec prière de les répartir dans les chefs-lieux de mandement, pour être, par les soins des autorités locales, distribués aux principaux agriculteurs, fabricants et amateurs de la Savoie.

On peut encore se procurer des programmes :

A Chambéry, chez le secrétaire de la Société,

A Annecy, à la librairie Burdet.

Ordre et tenue du concours, et dispositions particulières

Arrêtées postérieurement au règlement qui précède.

1° Lundi, mardi, et mercredi (13, 14 et 15 août), de 6 heures du matin à 7 heures du soir, réception des machines, instruments et produits de tout genre admis à l'exposition. Autant que possible, les objets devront arriver les 13 et 14, pour faciliter le classement.

Mardi 14 et mercredi 15, aux mêmes heures que dessus, réception des animaux.

Jeudi 16, travaux des commissions.

Vendredi 17, rapports des commissions, délibération du jury, exposition publique de tout le concours. PRIX D'ENTRÉE : 40 centimes par personne.

Samedi 18, exposition publique et GRATUITE de tout le concours. — Distribution solennelle des prix et médailles.

2° Le concours aura lieu au Verney :

Pour les machines, instruments et produits de tout genre, sous un élégant pavillon dressé dans le clos des Chevaliers-Tireurs, mis obligeamment à notre disposition par cette compagnie ;

Pour les animaux, le long des allées latérales de la promenade, dans des loges construites à cet effet, sur un parcours de plus de 300 mètres.

Les cages destinées aux animaux de basse-cour seront aussi fournies par la Société.

C'est donc là que les animaux et les produits devront être dirigés par les exposants.

Une commission stationnera sur les lieux pour présider au classement, donner et recevoir tous renseignements nécessaires.

3° Chaque tête de bétail sera désignée par une étiquette-écusson, aux frais de la Société.

Quant aux instruments, machines et produits admis à l'exposition, ils doivent, aux frais des propriétaires, porter une étiquette indiquant :

Les nom, prénom et lieu de résidence de l'exposant ; la désignation, la provenance, l'usage, s'il y a lieu, et le prix des objets ; et en outre, pour les machines et instruments, s'il y a invention ou perfectionnement, ou seulement importation.

4° Les exposants qui ne pourront pas accompagner leurs produits pourront se faire représenter au concours par une personne capable de fournir tous les renseignements nécessaires. Dans ce cas, les expéditions devront être dirigées *franco* à M. le secrétaire de la Société centrale d'agriculture, avec cette désignation : *Pour le concours agricole.*

5° Les vins, eaux-de-vie, liqueurs et autres produits destinés à l'exposition, et sujets à des droits d'octroi, sont admis à entrer en franchise. Il suffira de déclarer que tel objet entre en passe-debout pour le concours, à l'adresse de M. le secrétaire de la Société.

Ici, comme tout ce qui se rattache au concours, l'administration municipale n'a reculé devant aucun sacrifice pour donner à cette solennité l'étendue et l'éclat désirables.

6° Pour les animaux, machines, instruments et produits provenant des localités comprises dans la zone, l'administration des douanes de cette ville a bien voulu prendre les dispositions nécessaires pour qu'ils puissent sortir et rentrer sans autres frais que le prix du timbre de l'expédition, qui sera délivré à l'exposant sur la présentation de sa *carte.* Les bureaux de Frangy, de la Caille et du Plot peuvent seuls procéder à cette admission ; et si les objets importés ne rentrent pas dans un délai de quinze jours, ils seront soumis aux droits déterminés par le tarif.

7° Les animaux resteront sous la garde de leurs propriétaires. Nourris aux frais de la Société pendant toute la durée du concours, il ne sera fait qu'une distribution par jour, dans laquelle chaque animal recevra, de 5 à 6 heures du matin, les rations suivantes par tête et par jour :

Race chevaline.	avoine, 10 litres.	
	foin, 10 kil.	
Race bovine. Foin, 10 kil.	ou bien, foin,	7 kil.
	trèfles,	10 »
Race ovine. Foin, 3 kil.	ou bien, foin,	2 »
	trèfles,	5 »

On voit qu'on sera libre de remplacer un kilogramme de foin par 3 kilogrammes de trèfles.

Race porcine.	recoupe,	1 kil. 500.
	farine de maïs, 2 »	

Animaux de basse-cour. . { maïs, sarrazin } 8 décilitres.

Paille pour litière. . . . . 6 kilogrammes.

8° Les exposants veilleront à ce que leurs animaux reçoivent exactement ces quantités de nourriture, auxquelles ils ont droit.

9° Le nettoyage des loges des animaux reste à la charge des exposants. Cette opération devra être faite chaque jour, de grand matin, et le fumier mis en tas à la porte. Ce fumier sera enlevé à 6 heures du matin par les soins des fournisseurs de la paille.

10° Les exposants seront chargés de faire abreuver leurs animaux ; il sera mis à leur disposition l'eau nécessaire et des seaux à cet usage.

Les membres de la commission du programme,

FLEURY Lacoste, président de la Société ;
REY Joseph-Claude, vice-président ;
DÉNARIÉ Gaspard, médecin, secrétaire adjoint ;
DUFOUR François, ingénieur et agent-voyer chef de l'arrondissement ;
BONJEAN Joseph, secrétaire.

Composition du Jury.

1° M. DIEU, préfet de Chambéry, officier de la Légion d'honneur, commandeur de l'ordre pontifical de Saint-Grégoire-le grand, officier de l'instruction publique, etc., président ;

2° M. LE BARON D'ALEXANDRY, propriétaire, maire de Chambéry, chevalier de la Légion d'honneur, vice-président ;

3° M. LE MARQUIS LÉON COSTA DE BEAUREGARD, propriétaire, président de l'académie impériale des sciences de Savoie, ancien sénateur sarde, président du conseil général, commandeur de la Légion d'honneur et des SS. Maurice et Lazare ;

4° M. Levet, maire d'Annecy, chevalier de la Légion d'honneur et des SS. Maurice et Lazare ;

5° M. Brachet François, maire d'Aix-les-Bains, chevalier des SS. Maurice et Lazare ;

6° M. Forest Guillaume, fabricant de papiers, conseiller municipal, chevalier de l'ordre royal des SS. Maurice et Lazare et ancien sénateur du royaume sarde ;

7° M. Martin Louis, fabricant de drap, conseiller municipal, ancien maire, officier des SS. Maurice et Lazare ;

8° M. Fleury Lacoste, propriétaire, président de la Société centrale d'agriculture du département de la Savoie, chevalier des SS. Maurice et Lazare ;

Les présidents des neuf commissions d'examen, dont les noms suivent :

9° M. le comte Marin Léonide, propriétaire, membre de la chambre de commerce, chevalier des SS. Maurice et Lazare (commission des animaux) ;

10° M. Carcet Michel, avocat à la cour impériale de Chambéry, propriétaire (plantes fourragères et céréales) ;

11° M. Rey Charles, propriétaire à Montmélian (viticulture) ;

12° M. Veyrat François, propriétaire à Grésy-sur-Isère (arboriculture) ;

13° M. Gotheland Claude, propriétaire à Chambéry (floriculture et horticulture) ;

14° M. L. Thibaud, ingénieur du matériel au chemin de fer Victor-Emmanuel (machines et instruments) ;

15° M. Curtet Joseph, propriétaire, juge de paix à Chambéry (terres, étables et engrais) ;

16° M. Filliard Jacques, propriétaire à la Biolle, chevalier de la Légion d'honneur (valets de ferme) ;

17° M. Corso Hippolyte, propriétaire et notaire à Chambéry (produits agricoles et industriels) ;

18° M. Joseph Bonjean, chimiste, membre de l'académie impériale des sciences, chevalier de l'ordre royal des SS. Maurice et Lazare, commandeur et chevalier de divers autres ordres étrangers, vice-président de la chambre de commerce, secrétaire de la Société centrale d'agriculture du département de la Savoie.

Nota. Le jury devait être composé de 19 membres ; il s'est trouvé réduit à 18 par suite du double emploi de M. le comte Marin, l'un des trois délégués de la municipalité, et nommé ensuite président de la commission des animaux.

Commissions d'examen.

1° ANIMAUX. — RACE CHEVALINE.

MM. Castellazzo Louis *O* ✳, propriétaire à Chambéry.
Challend Joseph, propriétaire à Montailleur.
Gojon Henri, propriétaire à Francin.
Lacoste Fleury ✳, propriétaire à Cruet.
Péronnet Joseph, vétérinaire à Chambéry.

RACE BOVINE.

MM. Bel François, avocat, propriétaire et maire de Montmélian.
Berthet Jean-François, propriétaire à Ste-Hélène du Lac, à la Châtel.
Le comte Marin Léonide ✳, propriét. à la Motte-Servolex.
Martin Jeune, entrepreneur à Cruet.
Montagnole Michel, propriétaire au Montcel.
Péronnet Joseph, vétérinaire à Chambéry.
Trippe Jean-Claude, vétérinaire-chef du département.

RACE OVINE.

MM. Carlin P.-F., marchand de bestiaux à St-Pierre d'Albigny.
Coutin Jean-Baptiste, propriétaire à Montmélian.
Le comte Marin Léonide ✳, propriét. à la Motte-Servolex.
Martin Jeune, entrepreneur à Cruet.
Trippe Jean-Claude, vétérinaire-chef du département.

RACE PORCINE.

MM. Gayet Joseph, propriétaire à Leyssaud.
Gotheland François, propriétaire au Petit-Barberaz.

✳ signifie chevalier de l'ordre royal des SS. Maurice et Lazare, *O*, officier, et *C*, commandeur dudit ordre.

✳ chevalier de l'ordre impérial de la Légion d'honneur, *O* et *C*, officier et commandeur.

Nicoud Jean-Baptiste, propriétaire à Chambéry.
Péronnet Joseph, vétérinaire   Id.
Polingue Louis, propriétaire   Id.

OISEAUX DE BASSE-COUR.

MM. Curtet Joseph, juge de paix à Chambéry.
Gojon Henri, propriétaire à Francin.
Hudry-Menos, homme de lettres à Chambéry.
Savoye Eugène, propriétaire à Gilly.
Sylvoz Charles, propriétaire à Chambéry.

2° PLANTES FOURRAGÈRES ET CÉRÉALES.

MM. Bel François, avocat et propriétaire à Montmélian.
Berthet François, propriétaire à Ste-Hélène du Lac.
Carcet Michel, avocat et propriétaire à Chambéry.
Codet Hubert, pépiniériste à Chambéry.
Collomb J.-M., propriétaire à Grésy-sur-Aix.
Déage Auguste, avocat et propriétaire à Chambéry.
le comte de Villeneuve Valentin, propriétaire à Cognin.
Nicoud Jean-Baptiste, propriétaire à Chambéry.
Quenard Pierre, propriétaire-cultivateur à Chignin.
Rey Charles, propriétaire à Montmélian.
Rey Joseph-Claude, propriétaire à St-Jeoire.
Veyrat François, propriétaire à Grésy-sur-Isère.

3° VITICULTURE.

MM. Challend Joseph, propriétaire à Montailleur.
Dubem Gaspar, neveu, propriétaire-cultivateur à Cruet.
Gillet François, banquier, propriétaire à Chambéry.
Quenard Pierre, propriétaire-cultivateur à Chignin.
Rey Joseph-Claude, propriétaire à St-Jeoire,
Verdet Etienne, propriétaire à Chambéry.

4° ARBORICULTURE.

MM. Bel François, avocat et propriétaire à Montmélian.
Carcet Michel, avocat et propriétaire à Chambéry.
Codet Hubert, pépiniériste à Chambéry.
Gotheland Claude, pépiniériste à Chambéry.
Veyrat François, propriétaire à Grésy-sur-Isère.

5° FLORICULTURE ET HORTICULTURE.

MM. De St-Quentin Georges, propriétaire à Aix-les-Bains.
Gotheland Claude, pépiniériste à Chambéry.

Magnin Joseph, propriétaire à Chambéry.
Python Victor, propriétaire à Chambéry.
Sylvoz Charles, propriétaire à Chambéry.
Veyrat François, propriétaire à Grésy-sur-Isère.
Viviand Pierre, propriétaire à Chambéry.

6° TERRES, ÉTABLES ET ENGRAIS.

MM. Carcet Michel, avocat et propriétaire à Chambéry.
Codet Hubert, pépiniériste à Chambéry.
Curtet Joseph, propriétaire à Chambéry.
Gotheland Claude, pépiniériste à Chambéry.
Savoye Eugène, propriétaire à Gilly.
Sylvoz Charles, propriétaire à Chambéry.
Veyrat François, propriétaire à Grésy-sur-Isère.

7° MACHINES ET INSTRUMENTS.

MM. Collomb J.-M., propriétaire à Grésy-sur-Aix.
Dufour François, ingénieur à Chambéry.
Dupuis Louis, forgeron mécanicien à Chambéry.
Gay dit Guerraz, forgeron à Chambéry.
Guillerme Jules, propriétaire à Yenne.
Lejeune Auguste, chevalier du mérite civil de Belgique,
    ingénieur-draineur à Albertville.
Thibaud, ingénieur du chemin de fer V. E., membre-adj.

8° VALETS DE FERME.

MM. Chauvet J -M., propriétaire à Chambéry.
Filliard Jacques ✳, propriétaire à la Biolle.
Rey Luc, avocat, ancien proviseur des études à Chambéry.

9° PRODUITS INDUSTRIELS.

MM. Balmain Antoine, maître de forges à Epierre.
Bebert Antoine ✳, professeur de chimie à Chambéry.
Bonjean Joseph ✳, chimiste à Chambéry.
Chambonnal Emmanuel, propriétaire à Epierre.
Charvet Louis, propriétaire à la Chapelle-Blanche.
Corso Hippolyte, propriétaire à Chambéry.
Dolin Ferdinand, fabricant de liqueurs à Chambéry.
Jarrin François ✳, médecin à Chambéry.
le comte Marin Léonide ✳, propriét. à la Motte-Servolex.
Sylvoz Charles, propriétaire à Chambéry.
Vuagnat François O ✳, propriétaire à Chambéry.

Commissions diverses.

1° COMMISSION SUPÉRIEURE.

MM. Fleury Lacoste ✳, président de la Société.
Joseph Bonjean , secrétaire.

2° COMMISSION DE CLASSEMENT.

Pour les animaux et objets admis au concours.

MM. Balmain Antoine, maître de forges à Epierre.
Brachet Jules-François ✳, propriétaire à Grésy-sur-Aix.
Chaboud Claudius, propriétaire à Chambéry.
Dénarié Gaspard ✳, médecin à Chambéry.
Dufour F., ingénieur et agent-voyer chef à Chambéry.
Gojon Henri, propriétaire à Francin.
Gotheland Claude, pépiniériste à Chambéry.
Gouvert Camille, propriétaire aux Marches.
Guillermin Charles, avocat à Chambéry.
Hudry-Menos Grégoire, homme de lettres à Chambéry.
Julien Hector, agent d'affaires   Id.
Mossière François, agent d'affaires,   Id.
Revel Joseph, architecte et profess. de dessin Id.
Rey Luc, avocat   Id.
Sylvoz Charles, propriétaire   Id.

3° COMMISSION DES HONNEURS

Pour la distribution des prix.

MM. Balmain Antoine, maître de forges à Epierre.
Beauregard A., pépiniériste, à Grésy-sur-Isère.
Boccoz Jean-Baptiste, propriétaire-cultivateur à Arbin.
Chapperon Jacques, marchand tailleur à Chambéry.
Corso Hippolyte, notaire à Chambéry.
De Villeneuve (le comte), propriétaire à Chambéry.
De Couz Joachim (baron), propriétaire à Francin.
De Pignier Louis, propriétaire à St-Pierre d'Albigny.
Domenget ✳, médecin à Chambéry.
Gojon Henri, propriétaire à Francin.
Gex Marie, médecin à la Chapelle-Blanche.
Guillermin Charlés, avocat à Chambéry.
Gagnière Michel, propriétaire à Cornin près d'Aix.
Marchand Henri, notaire à Chambéry.
Montmayeur, négociant à Albertville.

Mure, fabricant à Chambéry.
Nicolet Joseph, avocat à Chambéry.
Perret Paul, propriétaire à Aix-les-Bains.
Picollet Prosper, propriétaire à St-Pierre d'Albigny.
Python Victor, fils, banquier à Albens.
Quenard Pierre, propriétaire-cultivateur à Chignin.
Rey Luc, avocat à Chambéry.
Sylvoz Charles-Félix, propriétaire à Chambéry.
Saint-Martin Auguste, propriétaire à Chambéry.
Veyrat Joseph, propriétaire à Montmélian.

Le jour de la distribution des prix, les membres des trois commissions qui précèdent portaient à la boutonnière de l'habit, du côté gauche, un signe distinctif représenté :

Par un épi d'or sur feuille d'argent, pour la commission supérieure.

Par un épi d'or sur feuille d'or, pour la seconde.

Par un épi d'argent sur feuille d'argent, pour la troisième.

CATALOGUE

DES

ANIMAUX, MACHINES, INSTRUMENTS & PRODUITS

EXPOSÉS

PREMIÈRE DIVISION.

ANIMAUX REPRODUCTEURS ET UTILES.

1re CLASSE. — ESPÈCE BOVINE.

Première Section. — Taureaux du pays.

1 — 2 ans, poil grevet. MM. Monod Jacques, propriétaire au Noyer (Bauges.)

2 — 2 ans, poil rouge. Gallet Marie, cultivateur à Lémenc.

3 — 30 mois, poil rouge né chez l'exposant. Falquet Joseph à Argentine.

4 — 2 ans. Cessens François, propriétaire à St-Félix.

5 — 2 ans 1/2, poil rouge. Guillet Joseph, propriétaire à St-Ours.

6 — 13 mois, poil gaillard. Sulpice Jean dit Rosset, propriétaire à la Motte.

7 — 2 ans, poil froment. Thomas François, fermier à la Motte.

8 — 2 ans, poil froment blanc. Fiard Jean, fermier à la Motte.

9 — 27 mois, poil gris. Rostaing Victor, fermier à Détrier.

10 — 3 ans.   MM. Doux Jean, cultivateur à Mon-
                           tailleur.

11 — 3 ans 1/2, race de   Chevalier J.-B., cultivateur à
    Tarentaise.   la Chambre.

11 N — 2 ans, race du   Quairon Joseph, propriétaire à
    pays.   Domessin, canton du Pont-
                            Beauvoisin.

2ᵉ Section. — Taureaux étrangers.

12 —   Race   fribour-   MM. le marquis Costa de Beaure-
    geoise.   gard, propriétaire à la Motte
                            Servolex.

13 — Race pure d'Ayr   Au même.
    (Ecosse).

14 — 3 ans, race et ori-   Ducruet Anthelme, propriétai-
    gine de Voiron.   re et fermier à Ruffieux.

15 — 2 ans.   Au même.

16 — 30 mois, prove-   Magnin Barthélemi, proprié-
    nant du départ.   taire à Rumilly.
    de l'Aveyron.

17 — Acheté à l'âge de   le comte Victor de Villette,
    6 mois à l'exposi-   propriétaire à Gier, canton
    tion de Berne, ra-   de Faverges.
    ce simmenthal.

18 — 2 ans, race d'Ayr   Ract Henri, propriétaire à
    (Ecosse).   Montmeillerat.

19 — 2 ans, poil rouge,   Bertholet Louis, propriétaire-
    race française, né   cultivateur à Bissy.
    chez l'exposant.

20 — 25 mois, race fran-   Pollet Joseph, fermier à Jacob.
    çaise.

21 — 2 ans, race viva-   Sulpice Jean, dit Rosset, pro-
    raise, poil froment.   priét. à la Motte-Servolex.

22 — 5 ans, race d'Ayr MM. le comte d'Arloz, propriétaire
(Écosse).   au château de Grammont par
                                   Culoz (Ain).

.23 — Race d'Ayr, pur   Richard Jules, propriétaire à
sang.   Montolier par Meximieux
                                   (Ain).

24 — 2 ans, race fran-   Reveron Joseph, cultivateur à
çaise.   Loisieux, canton d'Yenne.

3ᵉ Section. — Vaches laitières du pays.

25 — 4 ans, poil rouge. MM. Dégeorges Joseph, fermier de
                            M. de Martinel, propriétaire
                            à Cognin.

26 — 5 ans, couleur   Au même.
blanche et grise.

27 — 27 mois, croisée   le comte Valentin de Villeneu-
par un taureau   ve, propriétaire à Cognin.
suisse.

28 — 2 ans, avec son   Au même.
veau.

29 — 2 ans, avec son   Au même.
veau.

30 — 2 ans, avec son   Landres, aîné, propriétaire à
veau.   St-Beron.

31 — 8 ans, couleur   Damesin Guillaume, propriétai-
noire tachée de   re chez M. Picollet, archi-
blanc.   tecte, aux Charmettes, près
                               Chambéry.

32 — 5 ans.   Magnin Barthélemi, proprié-
                               taire à Rumilly.

33 — 5 ans.   Au même.

34 — 8 ans.   les frères du pensionnat de la
                               Motte.

35 — 5 ans.	MM. Mme Brueraz Marguerite née Blanc-Pattin, propriétaire à Ste-Hélène-des-Millières.
36 — 5 ans.	Sulpice Jean, fermier à Beauvoir près Chambéry.
37 — 8 ans.	Au même.
38 — 9 ans.	Au même.
39 — 7 ans.	Au même.
40 — 6 ans, robe rouge et noire.	Martin Joseph, maire de Jacob.
41 — 4 ans.	Jacquelin Eugène, propriétaire à la Ravoire.
42 — 7 ans.	Au même.
43 — 6 ans.	Gotteland Joseph, propriétaire à la Ravoire.
44 — 3 ans, poil grevé.	Dupraz Charles, propr. à Bissy.
45 — 3 ans.	Ract Henri, propriétaire à Montmeillerat.
46 — 4 ans.	Au même.
47 — 4 ans.	Au même.
48 — 7 ans.	Charléty François, fermier à la Moutarde.
49 — 5 ans avec son veau.	Lacour Joseph, propriétaire au Pont-Beauvoisin.
50 — 5 ans 1/2, poil blanc, noir et rouge, avec son veau.	Tournier, marchand de bestiaux à la Biolle.
51 — 6 ans.	Damesin, fermier à Cognin.
52 — 5 ans, poil noir ; elle rend 500 gr. de beurre et plus, et 15 litres de lait par jour.	Mollard Louis, médecin à la Croix, commune de Saint-Alban.

53 — 6 ans , poil fro- MM. Brachet Pierre, maréchal fer-
ment, tête blanche   rant à Chambéry.

54 — 27 mois race de   le chev. Dupont à Cognin.
Tarentaise.

55 — 6 ans , croisée   Bontron Francisque, avocat à
suisse, nom pou-   Chambéry.
lette, en état de
gestation pour la
5e fois, née à Villy,
arrondissement de
St-Julien.

56 — Laitière, fille de la   Au même.
précédente, 4 ans,
manteau blanc et
noir.

57 — Sœur de la précé-   Au même.
dente , manteau
rouge, charbonné.

58 — Née le 7 mai 1857,   Au même.
manteau blanc a-
vec tache marron
foncé.

59 — 4 ans, manteau   Au même.
blanc et noir.

60 — 8 ans , race de   Sulpice Jean dit Rosset, pro-
Tarentaise.   priétaire à la Motte-Servolex.

61 — 8 ans, poil noir.   Dumas Charles , notaire au
Noyer (Bauges.)

62 — 4 ans, poil grevet.   Au même.

63 — 2 ans, poil grevet.   Au même.

64 — 5 ans 1/2.   Vuillermet Claude, colon par-
tiaire chez M. Supiot Augus-
te, propriét. à la Revériaz.

65 — 7 ans 1/2, race des Bauges.   MM. Au même.

66 — 7 ans.   Barlet Victor, cultivateur à la Platière, commune de Chevelu près Yenne.

67 — 5 ans 8 mois, croisée avec un taureau français.   Nicoud Jean-Baptiste, propriétaire à St-Alban.

68 — 3 ans.   Au même.

69 — 4 ans, race de Tarentaise.   Perrier Jean, propriétaire à St-Jean de la Porte.

70 — 5 ans, race de Tarentaise.   Prière Jérôme, propriétaire à St-Jean de la Porte.

71 — 6 ans, race de Tarentaise.   Bouvier Etienne, aîné, à St-Jean de la Porte.

72 — 6 ans, poil rouge et blanc.   le baron Francisque du Bourget, propriétaire, à Bon-Port près d'Aix.

73 — 8 ans, poil noir et blanc.   Au même.

74 — 3 ans.   Carcet Michel, avocat à Chambéry.

75 — 6 ans, race de Tarentaise.   Sulpice Philibert, cultivateur à Bissy.

75 O — 5 ans, poil froment, race du pays.   Grellié Pierre-Aimé, cultivateur à Grésy-sur-Aix.

75 P — 7 ans, poil noir, race du pays.   Quairon Laurent, propriétaire à Domessin, canton du Pont-Beauvoisin.

4e Section. — Vaches laitières de races étrangères.

76 — Race fribourgeoise.   MM. le marquis Costa de Beauregard, propriétaire à la Motte-Servolex.

77 — Race d'Ayr (E-   MM. Au même.
cosse) et un élève
né en voyage de
Londres à Paris.

78 — 2 ans 1/2, née à   le marquis de la Serraz, pro-
la Serraz d'une   priétaire à la Serraz commu-
mère croisée suis-   ne du Bourget.
se et d'un taureau
des écuries de M.
le marquis Costa
de Beauregard.

79 — 30 mois, race pié-   Falquet Joseph, propriétaire à
montaise.   Argentine.

80 — 3 ans, race suisse.   Sulpice Jean dit Rosset, pro-
                           priétaire à la Motte-Servolex.

5e Section. — Génisses du pays.

81 — 3 ans, poil blanc MM. Perrotin François, fermier de
et rouge.   M. le comte de Villeneuve à
                           Cognin.

82 — Au-dessus de 2   Ancenay Amédée, propriétaire
ans, race de Ta-   à Grand-Cœur.
rentaise.

83 — 2 ans, race de   Au même.
Tarentaise.

84 —   Id.   Au même.
85 —   Id.   Id.
86 —   Id.   Id.
87 —   Id.   Id.
88 — 2 ans.   le baron Girod Montfalcon, pro-
                       priétaire à Ruffieux.

89 — 2 ans.   Au même.
90 — 26 mois, venant de   les Frères de la Motte.
faire son veau.

91 — 2 ans.   MM. Sulpice Jean, fermier à Beauvoir près Chambéry.

92 — 2 ans.   Au même.

93 — 2 ans, poil tirant sur le blanc.   Pollet Laurent, fermier à Cognin.

94 — 26 mois, poil rouge   Michel Joseph, fermier à Bissy.

95 — 18 mois.   J. Gay dit Guerre à Chambéry.

96 — 14 mois.   Ract Henri, propriétaire à Montmeillerat.

97 — 2 ans.   Mme Camille Perrin née Bernard à Bissy

98 — 27 mois.   Vallet A., fermier à Beauvoir.

99 — 2 ans, poil rouge.   Mme veuve Collomb Françoise, fermière à Bissy.

100 — 2 ans 1/2, manteau rouge, blanc.   Guillermin Joseph, employé à l'octroi de Chambéry.

101 — 28 mois, manteau rouge, fond blanc.   Molin Jacques, cultivateur à la Cluse, hameau de St-Alban.

102 — 2 ans.   Dumas Charles, notaire au Noyer (Bauges.)

103 — 2 ans.   Perret, propriétaire à St-Cristophe près la Grotte.

104 — 26 mois.   Barlet Victor, cultivateur à la Platière, commune de Chevelu près Yenne.

105 — 2 ans 1/2.   Montagnole Michel, propriétaire au Montcel.

106 — 2 ans.   Nicoud J.-B., prop. à St-Alban.

107 — 18 mois.   Perrier Jean, propriétaire à St-Jean de la Porte.

108 — 1 an.   Carcel M., avocat à Chambéry.

109 — 1 an.   Au même.

110 — 2 ans, race de MM. Dupont, chevalier de la Légion
Tarentaise.   d'honneur, prop. à Cognin.

111 — 2 ans.   le comte de Chambost, propriétaire à Bassens.

112 — 2 ans.   Pollet Pierre, propr. à Vimine.

113 — 2 ans.   Au même.

114 — 2 ans.   Voguet Antoine, aubergiste à
Chambéry.

115 — 2 ans 1/2.   Mosset C., cultivat. à Cognin.

116 — 2 ans, poil fro- Blanc François, propriétaire à
ment.   Bissy.

117 — 2 ans.   Sadoux J., cultivat. à Bassens.

118 — 28 mois, poil rou- Morens Alban, fermier de Mme
ge et blanc.   veuve de Morand.

119 — 26 mois, poil Gotteland J., propriétaire à
rouge.   Bassens.

120 — 2 ans.   le baron Girod Montfalcon, propriétaire à Ruffieux.

120 bis. — 2 ans.   Au même.

121 — 2 ans, poil rou- Grellié Pierre-Aimé, à Grésy-
ge, race du pays.   sur-Isère.

6ᵉ Section. — Génisses de races étrangères.

122 — 3 ans 3 mois, d'o- MM. Pepin Jean-François, proprié-
rigine suisse   taire à Bourgneuf.

123 — Race fribour- le marquis Costa de Beauregard,
geoise.   propr. à la Motte-Servolex.

124 — Race fribour- Au même.
geoise.

125 — Pleine d'un père le comte Victor de Villette, à
simmenthal.   Gier, canton de Faverges.

126 — Pleine d'un père Au même.
simmenthal.

DEUXIÈME CLASSE. — ESPÈCE CHEVALINE.

7° Section. — Race du pays.

127 — Jument pouliniè-re, âgée de 4 ans.   MM. Chapelle, fermier de M. le comte de Boigne, à Verel de Montbel près le Pont-Beauvoisin.

128 — Jument poulinière, 6 ans.   Vachaud André, propriétaire à Arbusigny.

129 — Cheval, 4 ans.   Vachet Et;, prop. à Albertville.

130 — Jument, 2 ans. avec son poulain.   Cessens François, à St-Félix.

131 — Jument poulinière, 6 ans, 1|2.   Au même.

132 — Jument, née à Annecy.   Savoye Eugène, propriétaire à Gilly.

133 — Mule, 7 ans, manteau rouge.   Péclet Jean, propriétaire à Tanninges.

134 — Jument, 30 mois, née à Cusy.   Brunier François, prop. cultiv. à Cusy canton (d'Albens.)

135 — 2 mules, 5 ans,
136   nées à Thônes.   Mme Ramaz veuve, née Chavanel, propriétaire à Albens.

137 — Mule née en Bauges, 6 ans, manteau et poil noirs.   Blanc François, à Bellecombe en Bauges.

138 — Mulet, né à la Balme, 5 ans, poil noir.   Perret Pierre, propriétaire à St-Cristophe près la Grotte.

139 — Mulet, 5 ans, race de Maurienne.   Christin P., propriétaire-cultivateur à Villard-Léger.

140 — Mule, 5 ans, née dans le canton de Vinay (Isère.)   Louval François, fermier à Miribel (Isère.)

8e Section. — Race chevaline étrangère.

141 — Jument demi-sang, 4 ans, née à Colombier (Isère) de Phénix , pur sang anglais de haras impériaux, et d'une jument percheronne.

MM. Petetin Anselme, préfet d'Annecy.

142 — Cheval , 5 ans, race percheronne, poil blanc, né à Villard-Léger.

Mamy François, propriétaire à Villard-Léger canton de Chamoux.

143 — Pouliche d'un an, race percheronne

Chambonnal Emmanuel, propriétaire à Epierre (Maurienne).

144 — Jument poulinière, 12 ans, race percheronne.

Pichat Louis, fermier chez M. Berlioz, propriétaire au Pont-Beauvoisin.

145 — Jument percheronne, 4 ans, gris pommelé.

Pichat Louis,   id.

146 — Jument percheronne, 3 ans, gris de fer.

Pichat Louis,   id.

147 — Poulain, 3 ans.

Pichat Louis,   id.

Tous nés chez ledit fermier et de la même mère.

148
149 — Jument poulinière, 10 ans, poil noir, race anglaise, née en Angleterre, et son poulain de 5 mois.

le comte Raoul Costa de Beauregard, propriétaire à la Ravoire.

TROISIÈME CLASSE. — ESPÈCE OVINE.

9ᵉ Section. — Races du pays et étrangères.

150 — Lot de 4 moutons et leur mère, 2 de neuf mois et 2 de trois mois, provenant de 2 portées, la brebis mère donnant régulièrement 2 agneaux par an.

MM. Mᵐᵉ veuve Padet Péronne, propriétaire à Beauvoir près Chambéry.

151 — Lot de 1 brebis, 4 ans, avec un petit de 6 semaines ; un mouton , 18 mois ; une brebis 3 ans, avec 2 petits jumeaux.

Sulpice Antoine, cultiv. à Bissy.

152 — Lot de 2 moutons jumeaux, 18 mois ; une brebis, 2 ans.

Finas Dominique, propriétaire à St-Pierre de Soucy.
Au même.

153 — Lot de 1 bélier, 18 mois , (prix 100 fr.)
5 brebis avec leurs agneaux.

Jacquelin Eugène, propriétaire à la Ravoire.

Au même.

154 — Lot de 1 mouton, 15 mois, 1 brebis, 20 mois, et une de 21 mois.

Combaz Louis, jardinier à Chambéry.

155 — Lot de 1 mouton et 1 brebis , 10 mois.

Routin François, propriétaire à Bissy.

156 — Lot de 1 mouton. MM. Roulet Alexis, fermier à Bissy.
16 mois.
1 brebis, 2 ans. Au même.

157 — Lot de 3 moutons Molin L., jardin^r à Chambéry.

158 — Lot de 1 mou-
ton, 15 mois, et 1
brebis, 3 ans.
Gabriel Bernard, propriétaire
à Leysse, près Chambéry.

159 — Lot de 1 mou-
ton, 1 an, et 1
brebis, 4 ans.
Pollet Pierre, cultivateur à la
Favorite, près Cognin.

160 — Lot de 1 mou-
ton, 2 ans
Quenard Pierre, fermier à Bissy

161 — Lot de 1 mou-
ton blanc, 7 mois.
1 mouton noir, 8
mois, race du pié-
mont.
Voguet Antoine, aubergiste à
Chambéry.
Au même.

162 — Lot de 10 béliers
mérinos, tout âge.
Ancenay Amédée, Grand-Cœur
(Tarentaise.)

163 — Lot de 10 brebis
mérinos, tout âge.
Au même.

QUATRIÈME CLASSE. — ESPÈCE PORCINE.

10ᵉ Section. — Race du pays.

164 — Porc, un an. MM. Perrier Jean, propriétaire à St-
Jean de la Porte.

165 — Porc, un an. Garbolino Jean-Pierre, charcutier à Chambéry.

166 — 3 porcs, dont 2
demi-gros et 1
porc pour repro-
duction.
les frères du pensionnat de la
Motte.

11e Section. — Race étrangère.

167 — 2 porcs (race anglaise), 14 mois, mâle et femelle. — MM. Chabonnal Emmanuel à Epierre.

168 — Truie portière, 6 ans, ayant fait 79 petits , race bressane, née à la Motte. Un verrat d'un an, poil blanc même race. — Carcet Michel, avocat à Chambéry.

169 — 5 porcs, 15 mois, race anglaise. — Rey Charles , propriétaire à Montmélian.

170 — Truie yorkshire, 14 mois, et une de 5 ans, pleine pour la 11e fois, ayant fait 128 petits. — Drevet Xavier, propriétaire-éleveur à Varces près Grenoble.

171 — Truie new-leycester, un an, et quelques porcelets de races diverses. — Au même.

171 bis 2 verrats augeron, yorkshire, de 4 et 12 mois, un id. essex-augeron, 4 mois. — Au même.

172 — 2 porcs, un an, race du Piémont. — Garbolino Jean-Pierre, charcutier à Chambéry.

173 — Truie, 2 ans, de Midlex, race perfectionnée dans la ferme du prince Albert à Windsor. — Ract Henri , propriétaire à Montmeillerat.

174 — Truie de race anglaise.   Au même.

175 — 2 porcs, 2 ans, race anglaise.   Au même.

CINQUIÈME CLASSE. — ESPÈCE GALLINE.

12ᵉ Section. — Races du pays et étrangères.

176 — Lot de poules et coqs de bonnes races.   MM. Savoye Eugène, propriétaire à Gilly canton d'Albertville.

177
178
179
180
181
182 — Lot de 6 oies de Toulouse, mâles et femelles, 3 canards normands, 2 dindons blancs, 1 coq, 2 poules crève-cœur, et 2 poulettes.   Xavier Drevet, propriétaire-éleveur à Varces, près Grenoble.

183 — 1 coq et 2 poules cochinchinoises, 2 poules houdam et 2 poulets, 1 coq et 2 poules bramha-poutra.   Au même.

184 — Lot de 6 poules, provenant d'œufs pondus à Lyon.   Janin V., propriétaire fermier chez M. Forest, à Cognin.

185 — Lot de 1 coq, 4 poules et quelques poussines, race bramha-poutra.   Charles, propriétaire à Verthemex (Novalaise).

186 — Lot de 6 poules et 2 coqs, race russe.   Gellot Prosper-Louis, propriétaire à la Motte-Servolex.

187 — Lot de 7 oies, mâles et femelles, et 5 petits.

Au même.

188 — Lot de 6 canards
189 divers, 6 poules et
190 coqs du pays, 4
191 poules et coqs
192 bramba - poutra,
3 poules sultanes,
3 pintades, 3 paons

Berlioz Pierre-Auguste-Désiré, propriétaire au Pont-Beau-voisin (Isère.)

193 — Lot de 2 dindons blancs, mâle et femelle.

MM. Brunier Léon, propriétaire à Aiguebelle.

194 — Lot d'une mère et 17 petits dindons gris.

Mme Driane Pétraz, fermière de M. Lathoud, à la Ravoire.

194 bis — Cochon de mer, 3 ans.

Collet Charles, jardinier à Chambéry.

194 ter. — Lot d'un coq et une poule crève-cœur.

Sylvoz Charles, à Chambéry.

195 — Oiseaux de basse-cour, 2 poules cochinchinoises, 2 poul. crève-cœur et poussins, 2 poules bramba-poutra avec poussins.

Besson Pierre, architecte à Chambéry.

196 — Lot d'un poulet et 3 poussines, race française.

Mme Chabert Louise, fermière à St-Alban.

SIXIÈME CLASSE. — ANIMAUX DIVERS.

197 — Chèvre à 4 cornes, 6 ans, et son chevreau, race de Calabre, croisée avec un bouc du pays. — MM. Ginet, banquier à Aix-les-Bains.

198 — Lapins de Sibérie, dont la peau est très-recherchée. — Savoye Eugène, propriétaire à Gilly, canton d'Albertville.

199 — 4 lapins riches — Drevet Xavier, propriétaire à Varces (Isère).

DEUXIÈME DIVISION.

MACHINES ET INSTRUMENTS

Appareils et ustensiles agricoles.

Les renseignements qui suivent chaque objet sont extraits des déclarations mêmes des exposants, qui en conservent la responsabilité.

M. DUNAND Jean, propriétaire à Pringy près Annecy.
1 — Charrue courante fabriquée à Alonzier, par M. Bosquet.

M. VALLET Anthelme, propriétaire à Attignat-Oncin près les Echelles.

2 — Batteuse de M. Pinet Joly, fabricant à Albilly (Indre-et-Loire), prix 1,000 fr. en place.

3 — Outils pour creuser les fossés d'irrigation.

M. DELAGRANGE Frédéric, propr. à Metz près d'Annecy.

4 — Batteuse, fabrique de Damay à Dôle (Jura), primée d'une médaille d'or au concours de Mâcon.

M. MORAND, mécanicien, faubourg de Bœuf à Annecy.

5 — Batteuse, construite par l'exposant.

M. DUC Joseph, propriétaire à Méry près d'Aix.

6 — Machine mobile à colonne d'eau, à double effet, portative, servant de moteur à une batteuse de blé, et de la force de 4 à 8 hommes.

M. BOUVIER Joseph, mécanicien à St-Félix.

7 — Pressoir pour la fabrication du fromage.

8 — Instrument applicable aux charrues pour rendre leur usage moins pénible aux animaux.

M. CARCET Michel, avocat à Chambéry.

9 — Rouleau arrosoir de l'invention de l'exposant.

M. PACCOUD Benoît, propriétaire à Mâcon (rue Poissonnière, 6).

10 — Machine inventée et exécutée par l'exposant, pouvant, par la force d'un seul homme, exécuter cinq choses à la fois : hache-paille, râpe-racines, barate, concasseur et effiler les faux.

M. DÉGRANGE Jean-Baptiste, propriétaire à Cluses.

11 — Charrue à rompre et dégrossir le terrain, inventée par l'exposant.

12 — Instrument semoir faisant 5 fonctions à la fois.

M. VAUDEY Alexis, négociant à Chambéry.

13 — Moulin à bras.

14 — Barate Bernier, primée à Bourg.

M. J. CHEVALIER, fabricant d'instruments à Ornex (Ain).

15 — Semoir à 5 socs.
16 — Semoir à 7 socs.
17 — Semoir à 1 soc pour le colza.

M. POENCIN-LE-BON François-Irénée, à Ugines.
18 — Machine à battre le blé, mue à bras.

MM. LE BORGNE et fils, maîtres de forges à la Rochette.
19 — Outils en acier et fer du pays.

MM. DELAQUIS frères, mécaniciens à Sallanches.
20 — Battoir à blé, mu à volonté, à bras, ou par un manége
　　　à chevaux ; très-avantageux dans les montagnes.

M. LOISEAU A., négociant à Bourg.
21 — Pompe à purin en cuivre et en fer galvanisé, soupa-
　　　pes en cuivre.
22 — Pompe à incendie, système artillerie.

MM. MURE frères, fabricants à Chambéry.
23 — Tarare ventilateur à blé, simplifié et perfectionné
　　　par les exposants (prix 50 fr.)
24 — Barate à beurre, système anglais perfectionnée par
　　　lesdits.
25 — Ruches à miel, nouveau modèle (prix 12 fr.).
26 — Coupe et râpe-racines servant à deux fins.
27 — Mesures en fer étamé pour les liquides, de l'inven-
　　　tion desdits.
28 — Mesures pour les grains (de 1 à 22 fr.).
29 — Brocs en bois pour liquides (de 5 à 12 fr.).
50 — Cribles ou tamis assortis, en toile métallique ou faits
　　　à la main.

M. TRUFFET Jean, fabricant à Rumilly.

51 — Charrue courante, sans avant-train (prix 60 fr.).

M. GIRIÉ Henri, entrepreneur de serrurerie, cours Napo-
　　　léon, rue d'Alger, Lyon.

52 — Serre en fer, exécutée et perfectionnée par l'exposant.

M. CHAMBONNAL Emmanuel, propriétaire à Epierre.

33 — Semoir à blé.
34 — Egrainoir de maïs.
35 — Butoir.

M. RACT Henri, propriétaire à Montmeillerat.

36 — Machine Pinel avec son manége (prix 900 fr.).
37 — Le même manége Pinel mettra en mouvement une scie circulaire et un hache-paille ; médaille d'or au dernier concours de Paris (prix 340 fr. rendu).
38 — Charrue dombasle.
39 — Charrue dombasle.
40 — Charrue dombasle.
41 — Charrue de Grignon.
42 — Charrue armelin.
43 — Charrue américaine.
44 — Charrue défonceuse.
45 — Herses valcour (2).
46 — Scarificateur dombasle.
47 — Houe à cheval.
48 — Buttoir.
49 — Rouleau croskil (prix 500 fr. rendu).
50 — Semoir brouette.
51 — Pompe à purin, sur brouette ; médaille d'or à la dernière exposition de Paris (prix, avec accessoires, 240 fr. rendu).

M. BOQUET Antoine, maréchal-ferrant à la Caille, département de la Haute-Savoie.

52 — Charrues diverses de 50 à 70 fr., fabrication de l'exposant.

M. REY Luc, avocat à Chambéry.

53 — Instrument destiné à remplacer la pelle carrée, inventé par l'exposant.

M. PILLET Benoît, horticulteur à Chambéry.

54 — Machine hydraulique pour l'arrosage des jardins.

M. FAURE Jean-Baptiste, carrossier à Grenoble.

55 — Rouleau hérisson pour biner les blés (prix 250 fr.).
56 — Trieur de semences ; il passe 200 doubles décalitres
 en 12 heures (prix 70 fr.).
57 — Bineur-butoir, mu par un cheval ou par deux vaches, pour sarcler et biner les betteraves, maïs et
 pommes de terre (prix 65 fr.).
58 — Egrainoir de maïs.
59 — Piocheuse nouvelle de 72 pioches, le tout inventé,
 perfectionné et fabriqué par le même exposant.

M. LEYRIS Jean, éducateur au Bourget, chez M. Sevez,
 négociant.
60 — Coupe-feuilles pour le mûrier (prix 90 fr.).

MM. COUDOR et POUTAUX, constructeurs de machines
 agricoles à Gemeaux (Côte-d'Or).
61 — Hache-paille à plusieurs longueurs de coupe (prix
 115 fr.), médaille au concours régional de Lons-
 le-Saulnier.

MM. BAUQUIS frères, fondeurs à Quintal, près Annecy.
62 — Machine à battre le blé, à manége.

M. COTTAZ, fabricant de clôtures.
63 — Machine pour fabriquer les clôtures, et construite
 par M. THOMAS, mécanicien à la Tour-du-Pin
 (Isère).

M. THOMAS, mécanicien à la Tour-du-Pin (Isère).
64 — Coupe-racine et râpe en un seul instrument.
65 — Machine à battre le blé, avec manége, de la force de
 2 à 3 chevaux, de son invention, fabriquée chez
 lui (prix 700 fr.).

M. SYLVOZ Charles, propriét. à St-Jeoire, près Chambéry.
66 — Herse nouvelle parallélogrammique de Grignon,
 primée au concours universel de Paris, 1860 ; elle
 réalise le bon marché des herses anglaises.
67 — Charrue défonceuse.
68 — Hache-paille.
69 — Pompe à purin.

M. Hippolyte CORSO, notaire à Chambéry.

70 — Garde-tête. (Cet instrument sert à transporter de
     lourds fardeaux sur la tête.)
71 — Charrue sarcloir et extirpateur, système Ledocte.
72 — Ruche pour abeilles, nouveau modèle.

M. VIARD Théophile, négociant à Albertville.

73 — Machine à préparer les faux, inventée et fabriquée
     par l'exposant (prix 30 fr.).

M. BOCQUIN Maurice, fabricant de tuiles, rue Tronchet
     n° 51, aux Brotteaux, à Lyon.

74 — Semoir-Bocquin, médaillé et trois fois primé, fabri-
     qué par l'exposant.

M. RICHARD Jules, propriétaire au Montolier, par Mexi-
     mieux (Ain).

75 — Charrue sous-sol.
76 — Semoir.

77 — Charrue n° 1, pour la culture des marais.
78 — Charrue n° 2, qui suit le n° 1 dans le même sillon.
     L'exposant cultive plus de mille hectares de ter-
     rain.

M. BERGER Joseph, propriétaire à Arith (Bauges).

79 — Charrue de son invention, plus commode, d'après
     l'exposant, que celle du pays.

M. MAZOUDIER, capitaine au 54e de ligne, en garnison à
     Chambéry.

80 — Brouette à deux roues, brevetée pour cette inven-
     tion.

M. BURNIER-FONTANEL Paul, à Reignier (Hte-Savoie).

81 — Rouleau brisé, fabriqué sous la direction de l'expo-
     sant.

M. DORGEVAL Victor, à Cheys, canton de Goncelin (Isère).

82 — Ruche vide, perfectionnée par l'exposant.

M. BELLA, directeur de l'école d'agriculture de Grignon.

83 — Charrue, premier prix aux concours universels de
1855 et 1856; donnée par l'auteur pour le futur
musée agricole de Chambéry.

84 — Charrue avec rouelles, prix 40 fr., sans rouelles,
35 fr.

M. BURGAT Christophe, ouvrier taillandier à Varrens-Harvey, canton de Grésy.

85 — Herses perfectionnées.

M. BOVAGNET Pierre, propriétaire à Attignat-Oncin.

86 — Machine à battre avec manége, système Pinet.

TROISIÈME DIVISION.

EXPOSITION ANNEXE.

PRODUITS AGRICOLES ET INDUSTRIELS.

Vins, céréales, fruits, légumes, etc.

M. CESSENS François, propriétaire à St-Félix.

1 — Vin blanc de treille, plant de St-Pérey, et rouge
Bourgogne, de 1858 et 1859.

MM. BONNET, avocat à Longefoix, et MARJOLLET, notaire
à Aime (Tarentaise).

2 — Miel en rayon et cerclé, 10 kil., à 4 fr., récolté dans
les montagnes de la Tarentaise ; mention honorable

à l'exposition de Turin en 1858. Ce miel rivalise
avec ceux de Chamonix et de Narbonne.
3 — Miel vierge, 10 kil., à 3 fr.
4 — Cire, 10 kil., à 5 fr.

M. MOL Henri, propriétaire à Faverges.
5 — Vins du pays obtenus avec des cépages étrangers,
comparés avec les vins des anciens cépages.

M. CHRISTIN, curé à St-Pierre de Belleville (Maurienne).
6 — Vin de St-Pierre de Belleville (Maurienne).
7 — Miel vierge, de la même localité.

M. Fleury LACOSTE, propriétaire à Cruet.
8 — Collection de vins du pays dès l'année 1825 jusqu'à
ce jour.
9 — Collection de blés récoltés dans l'exploitation agricole
de l'exposant. (Prix du double décalitre de semence : 7 fr.)

M. PERRIER Jean, propriétaire à St-Jean de la Porte.
10 — Vin rouge de St-Jean de la Porte de 1848.

M. le baron Francisque du BOURGET, propriétaire a Bom-
port, près d'Aix-les Bains.
11 — Vin de Montmélian, vigne de la Générale, année 1848.

M. PONT Germain, curé à St-Jean de Belleville (Tarentaise).
12 — Miel vierge.

M. MOTTARD, doct.-médecin à St Jean de Maurienne.
13 — Céréales, 35 variétés.

M. BONNEFOI CUDRAZ, St-Jean de Belleville (Tarentaise).
14 — Vins de Lachat (Aigueblanche) et de la Senthion
(Grand-Cœur), de 1848, 1849, 1857 et 1859; et
eau-de-vie.

M. BAZIN Alexandre, négociant à Chambéry.
15 — Chou monstrueux.

M. le baron DUNOYER Tancrède, propriétaire à Chambéry.
16 — Châtaignes conservées.

M. QUAIRON Laurent, propriétaire.
17 — Chanvre de Domessin, canton du Pont-Beauvoisin.

M. MARÉCHAL Joseph, négociant à St Pierre d'Albigny.
18 — 2 sacs de laine, exportation en Amérique, etc.

M. BERTHET Joseph-François, propriétaire à Ste-Hélène
du Lac, à la Châtel.
19 — Vins de la localité.

M. JORIOZ Joseph, notaire à Aigueblanche.
20 — Vins de la localité, mas de *Content.*

M. MARTIN François, propriétaire à St-Jean de la Porte.
21 — Eau-de-vie de mûres de sa fabrication.

M. ANCENAY Amédée, propriétaire à Grand-Cœur (Tarentaise).
22 — Fromage de Gruyère, trois pièces, fabriquées au col
de la Madeleine, canton de la Chambre.

M. DE ST-QUENTIN, agronome à Aix-les-Bains.
23 — Pain de sorgho.
24 — Alcool de sorgho.
25 — Sirop de sorgho.
26 — Confiture avec le sirop de sorgho.

M. le baron GIROD-MONFALCON, propriétaire à Ruffieux
(Chautagne).
27 — Vin rouge de Chautagne de 1854, 1857, et vin blanc
de 1859.

M. CLERC-BIRON, curé à Versonnez (Ain).
28 — Miel en gâteau dans une cloche en verre, et miel
coulé, pour juger de leur valeur comparative.

M. DIJOUD François, propriétaire à La Rochette.
29 — Vin rouge dit côte-rouge, années 1848, 1857 et
1859 (2 fr. la bouteille) ; vin blanc de 1848, 1852,
1855 et 1857 (2 fr. la bouteille).

M. REY Pierre, propriétaire à Montmélian.
30 — Vin de Montmélian, 1856.

M. DOLIN, fabricant de liqueurs.
31 — Vin blanc de Lémenc, plant de St-Pérey.
32 — Pommes de terre, diverses qualités.

M. DUNAND Jean, chef d'institution à Chailly-Guéret
         (Mâcon).
33 — Blé Noë de 1860.
34 — Pommes de terre printannières obtenues de semis.
35 — Orges à six rangs.
36 — Sorgho sucré de 1859, et un ouvrage d'agriculture.

MM. DEVAUX père et fils, fabricants de farine, Polliat, près
         Bourg (Ain).

37 — Farine pour pâtisserie, fabriquée avec les blés de
         Bresse. . . . .   44 fr. 100 kilog.
         Farine p^r l'exportat., en tonnes.   42 »   id.
         Id. dite ronde, 2me . . . 40 »   id.
         Id. 3me . . . . 36 »   id.
         Id. 4me pour le bétail . . . 20 »   id.
         Son . . . . 14 »   id.
         Maïs . . . . 24 »   id.
         Blé de Bresse . . . . . . 29 »   id.
         Polinte . . . . 50 »   id.

M. SALUCES François, pharmacien au Betton-Bettonet.
38 — Collection de légumineuses de la Savoie, compre-
         nant 19 variétés de pois, 10 de fèves, plus de 100
         d'haricots, etc., — tous étiquetés d'après leurs
         véritables noms.

M. USANNAZ Elie, négociant en fromages, rue St-Antoine,
         Chambéry.
39 — 2 Fromages de Gruyère, l'un de la fabrication de Jo-
         seph Ambroise, en sa montagne dite de Plan-
         meyaz (Beaufort), l'autre. de la fabrication de
         Vibert Viallet Joseph, même montagne.

MM. GENOT frères, négociants en vins à Lons-le-Saunier
         (Jura).
40 — Vins mousseux dits de Champagne et autres.

M. CHARBONNEL Antoine, pharmacien à la Côte St-André (Isère).
41 — Vins de qualités et années différentes.

M. PAQUET Jean-Marie, vinaigrier à Chambéry.
42 — Vinaigres de vin, (25 fr. l'hectolitre, sans octroi).

MM. BOURDIS et THOLOZAN, vinaigriers à Pontcharra.
43 — Vinaigres de vin.

M. BOVAGNET Philippe, fabricant à Chambéry.
44 — Vinaigres de vin.

M. BERTHIER, propriétaire à Aiguebelle.
45 — Vin de Bonvillaret, près d'Aiguebelle, année 1859.

MM. GEORGES frères, négociants en vins et propriétaires à Chagny, près Beaune (Saône-et-Loire).
46 — Vins rouges et blancs.

M. TAMPION Antoine, agriculteur à Albertville.
47 — Eau-de-vie de mûres.

MM. TAMPION Sébastien et GAUDON neveu, à Albertville.
48 — Vinaigres de vin et de cidre.

M. CHOULET Maurice, cultivateur à Sésarches, près d'Albertville.
49 — Miel et essaim artificiel. (L'exposant a récolté en 1859 1,800 kil. de miel, vendus à Lyon, Genève et Chambéry.)

M. le baron d'ALEXANDRY, maire de Chambéry.
50 — Vins noirs, de Montchabaud de 1820 et 1824 ; blancs, de 1854 et 1855.

M. REVEL, médecin, propriétaire à Chignin.
51 — Vins blancs de 1837, 1847 et 1858 ; rouges de 1834, 1848 et 1857.

M. DOMENGET, doct.-médecin à Chambéry.
52 — Collection de vins de St-Jean de la Porte, Montmélian, Cruet, Monterminod et Challes (altesse

blanc) ; médaille en bronze à l'exposition de 1846 à Gênes.

M. LIAUDY Joseph, négociant à La Rochette.
53 — Vin blanc rosé de Côte-Rouge, canton de la Rochette, de 1859 ; dix bouteilles.
54 — Racine d'ellébore blanc et roux, exportée en
Amérique et aux Etats-Unis pour les tabacs et
comme médicament. Envoi annuel : 500 balles de
120 kilog. Prix 35 fr. les 100 kilog., sur place.
55 — Racine de gentiane, exportée en Amérique et
dans les Etats-Unis pour la fabrication de la bière.
Envoi annuel : 8 à 900 balles de 120 kilog. Prix :
26 fr. les 100 kilog., sur place.
56 — Lichens blanc et roux, exportés dans les endroits ci-dessus, pour médicaments, et employés
dans le pain, réduits en farine. Expédition annuelle : 100 balles. Prix 35 fr. les 100 kilog., sur
place.

MM. CODET père et fils, pépiniéristes à Chambéry.
57 — Collection de fruits.

Fleurs en vase, en corbeille et en bouquet.

Mlle PLAGNE Joséphine, fleuriste, à Chambéry.
58 — Bouquet volumineux en fleurs naturelles monté
sur fil de fer.

M. TISSOT Anthelme, jardinier à Chambéry.
59 — Fleurs en vase.

Mme TISSOT Jeanne, fleuriste, à Chambéry.
60 — Fleurs en corbeille et en bouquet.

M. BURDIN Jean-Baptiste, pépiniériste, à Chambéry.
61 — Fleurs en vase.

M. PACORET, fils aîné, horticulteur, à Annecy.
62 — Pétunia nouveau.

M. COMBAZ Louis, jardinier à Chambéry.
63 — Fleurs variées, coupées, obtenues par semis.

MM. CODET, père et fils, pépiniéristes, à Chambéry.
64 — Fleurs coupées (une corbeille et un bouquet).

Produits industriels.

M. BEAUDET Jean, apiculteur à Lyon, rue St-Marcel, 29.
65 — Outils d'agriculture (jeu complet).
66 — 7 ruches, une d'observation, une de cabinet, une à
      cloche, une à pain de sucre, trois lombardes per-
      fectionnées, dont 2 peintes.
67 — Cire jaune en pain.
68 — Filtre pour filtrer au soleil.
69 — Hydromel.

M. HUGONOD-CHAMBARD, liquoriste à Bourg (Ain).
70 — Liqueurs diverses.

M. RUBIN P.-F., artiste en cheveux, à Chambéry.
71 — Peintures en cheveux, genre créé par l'exposant.
72 — Sujet représentant une feuille pliée, etc.
73 — Tableau de huit sujets.
74 — Mausolée.
75 — Sujets divers en boucles, gerbes, fleurs, chiffres, etc.
76 — Bracelets (3), deux modèles de bracelets, mi-partie
      cordons tors et carrés (métier).
77 — Modèles de tresses et tissus (métier).
78 — Boîte de poudre-cheveux de toutes nuances.
79 — Album. Travaux d'art dont plusieurs sont créés par
      l'exposant.
80 — Postiches (travaux de).

M. BOUVIER Joseph, mécanicien à St-Félix.
81 — Horloge marquant le 1er jour de l'an, les mois, jours,
      heures, minutes et secondes, avec les lunes.

M. BEDET, cadet, fabricant de poterie, à Bourg (Ain).
82 — Lot de poterie, composé de casseroles de toute

grandeur et de toute couleur, bouchées et non bouchées.

83 — Pots à bouillon.
84 — Plats à poisson.
85 — Cloche à faire cuire la viande.
86 — Fontaine.
87 — Poissonnière.
88 — Marmite.
89 — Corbeilles.
90 — Deux paniers garnis de fruits.
91 — Vases à fleurs de toute grandeur.
92 — Lampes à fleurs.
93 — Tuyaux de drainage.

N. B. — Ces objets sont en terre réfractaire, résistant au feu le plus ardent et ne prenant jamais de mauvais goût. Dans le début, en 1847, l'exposant n'employait que deux ouvriers et deux manœuvres. Ses expéditions n'allaient pas au delà de 50 kilomètres. Aujourd'hui il expédie à plus de 250 kilomètres et emploie toute l'année 20 ouvriers, plus 8 à 10 manœuvres pendant la morte-saison et pris parmi les cultivateurs. Il fabrique annuellement 250 mille pièces assorties d'une valeur de 46,800 fr. ; le salaire des ouvriers est de plus de 18 mille fr. par an.

M. BATAILLARD, menuisier en fauteuils, à Chambéry.

94 — Fauteuils (8), chaises (4), canapés (2), en noyer et non garnis.

M. MALOZ Jean, ouvrier chez M. Mermet cadet, fabricant à Chambéry.

95 — Fourneau de cuisine, double système, contenant : 2 fours à cuire, 2 étuves, 2 chauffeurs d'assiette, un calorifère pouvant chauffer deux pièces et une chaudière de 70 à 80 litres d'eau. Un franc par jour de combustible. Ce fourneau peut desservir 150 personnes. Prix mille francs.

96 — Cheminée à coke, perfectionnée. Sa coquille, en terre réfractaire, brûle 25 à 30 centimes de com-

bustible par jour. Le modèle exposé est du tiers
de sa grandeur naturelle. Prix 40 fr.

Mme PERRET veuve, née **GUITTAUD**, fabricante de fleurs
à Chambéry.
97 — Corbeilles de fleurs artificielles et plusieurs bouquets.

M. DEGRANGE J.-B., propriétaire à Cluses.
98 — Invention pour la construction des cheminées, empêcher la fumée et prévenir les incendies.

M. J. BONNEFOI-CUDRAZ, propriétaire à St-Jean de Belleville.
99 — Ardoises de St-Jean de Belleville.

MM. DEVILAINE et Ce, à Vinay (Isère).
100 — Cartons, de la fabrique des exposants.

M. SEUX Pierre, pont de la Garate, à Chambéry.
101 — Sabots, fabriqués par l'exposant.

M. ARVIN-BEROD, fabricant d'ardoises à Mégève.
102 — Ardoises de la carrière dite du Mont-du-Villard, de
4 équerres : prix 19, 25, 34, 46 francs le mille.
Cette carrière date de 200 ans. Ces ardoises pa-
raissent égaler celles de Cevins.

M. DUCROT puîné, fabricant de tableaux affiches, à Paris,
quai Valmy, 157.
103 — Collection de tableaux sur verre, dont un représente,
écrite, la constitution française.

MM. MURE frères, fabricants à Chambéry.
104 — Bois de noyer en feuilles.
105 — Bois de fusil de chasse. Bois de luxe (6).

M. MONEGHETTI Joseph, à Chambéry.
106 — Chocolat, de la fabrique de l'exposant.
107 — Ecorces en tout genre, broyées par une machine à
eau et très-recherchées par les tanneurs.

M. PERROLLET Hyacinthe, fabricant d'objets en caoutchouc à Chambéry.

108 — Coussin de voyage en velours bleu ; le pareil agréé
par le roi Victor-Emmanuel, industrie importée
en Savoie par l'exposant.

109 — Objets divers en caoutchouc. — Baignoire, cuvette,
manteaux, depuis 15 fr. et au-dessus, etc.

M. MURAZ Charles, fabricant à Sallanches.
110 — Crayons de la fabrique de l'exposant.

M. DÉPLANCHE Antoine, bijoutier à Bourg (Ain).
111 — Bijoux, dits Emaux bressans.

M. DEMAISON Joseph, fabricant de rustiques à Faverges.

112 — Pendule.
113 — Chaises.
114 — Fauteuil.
115 — Guéridon.
116 — Cadres.
117 — Jardinière.

MM. ROCHE et PARADIS, fabricants de gants à Chambéry.

118 — Collection de gants de peau, système Jouvin. — En
peau d'agneau du pays, achetées brutes. Fabrication la plus importante de la Savoie. Les prix sont
inférieurs à ceux de Paris. 8 ouvriers par jour,
deux mille douzaines par an.

M. SORBON Jean, négociant à Chambéry.
119 — Assortiment de gants de sa fabrique.

M. REY Maurice, propriétaire à La Rochette.
120 — Soie et cocons, de la fabrique de l'exposant.

M. CARLIN Pierre-François, marchand de bestiaux, à St-
Pierre d'Albigny.
121 — Peaux de veau en poil, provenant des vallées de
l'Arc, de l'Isère et des Bauges ; vente en Savoie et
en France ; six cents douzaines environ par an.

M. RACT Henri, propriétaire à Montmeillerat.

122 — Drains importés en 1849 par l'exposant.

123 — Produits de distillerie, alcool de maïs et d'autres grains.

124 — Choucroute.

Mme LAMY veuve, à Sallanches.

125 — Pointes de la fabrique de l'exposante.

M. CANET Paul, entrepreneur d'éclairage à Chambéry, breveté par le gouvernement sarde.

126 — Gaz portatif (hydrogène liquide), fabriqué chez l'exposant dans son usine aux Carmes.

127 — Lampes-Bougies fabriquées chez MM. Janty, fondeur, Breitbach, lampiste, et Vellet, bijoutier à Chambéry.

128 — Lampes-bougies (six) en verre et cristal ; garnitures faites à Chambéry.

129 — Lampes à gaz liquide (deux), faites à Paris, avec bec de l'invention de l'exposant pour donner plus ou moins de clarté et éteindre la lampe.

130 — Huile de schiste. Vente : 150 mille litres par an. (1re exposition de cet éclairage par l'exposant).

131 — Eau-de-vie de gentiane.

M. GUILLERMIN François, tonnelier à Chambéry.

132 — Pièce ovale en chêne, pouvant contenir deux liquides différents ; contenance 40 litres ; inventée par l'exposant.

133 — Pièce ronde en mélèze pour un seul liquide, contenance, 60 litres.

MM. RUFFIER frères, poêliers à Chambéry.

134 — Fourneaux. Deux fours, tournebroche, grille à côtelettes et brûloir à café. Invention et fabrication des exposants.

M. LEYRIS Jean, éducateur au Bourget.

135 — Graines de vers à soie.

M. GIROD Jean, pharmacien à Aiguebelle.

136 — Acide tannique extrait des châtaigniers ; produit servant de mordant pour la teinture de la soie et du coton, et supérieur à tous les mordants connus (plusieurs fois primé à diverses expositions).

MM. DOMINGO et Comp., propriétaires de mines à Aiguebelle.

137 — Minerai argentifère.

138 — Echantillon de schelick de caisson.

139 — Echantillon de schelick de table.

140 — Cuivre et plomb argentifère, de la concession de Montgelafrey.

141 — Blanc de zinc de la mine de Saint-Lager.

Mme GIROD veuve Gabriel, née RIVOLIN, propriétaire à Chambéry.

142 — Cocons et soie.

M. BAUJAT Vincent, coiffeur à Chambéry.

143 — Eau réfrigérante contre la chute des cheveux, 12 flacons à 3 francs.

M. VACHEZ Etienne, propriétaire à Albertville.

144 — Cocons de la fabrique de l'exposant.

M. REY Jean-Maurice, propriétaire à Macot, par Aime (Tarentaise).

145 — Mine de fer olygiste et de fer hydraté, découverte en 1838 par le déclarant, à Mont-Girod, près Moûtiers ; gisement considérable, reconnu par M. l'ingénieur Lachat.

M. VILLARD, fabricant de meubles en fonte, 33, quai St-Antoine, à Lyon.

146 — Groupes (quatre) statues et oiseaux aquatiques pour décors de pièces d'eau.

147 — Vases ou coupes fonte (cinq).

148 — Plantes des tropiques (deux très-grandes) imitation bronze.

149 — Plantes des tropiques (trois plus petites) imitation bronze.

150 — Bancs de jardin (six) en bois fer ou fonte.
151 — Tables de jardin (trois).
152 — Chaises en fer (douze), de divers modèles.
153 — Placards pour bouteilles ou porte-bouteilles, nouveau système.
154 — Caisses (deux) bois et fonte, pour fleurs.
155 — Châteaux d'eau en fonte. (Ces divers objets pèsent environ 1,500 kilog.)
156 — Vierge (statue), haute de deux mètres, pesant 500 kilog.

MM. DIDIER Gaspard et comp., fabricants d'ardoises à La Chambre, Maurienne.

157 — Ardoises de six équerres (une de chaque équerre), de Notre-Dame du Cruet, au lieu dit au *Sujet* et vulgairement désignées sous le nom d'ardoises de *La Chambre*, mêmes équerres que les ardoises de Cevins. Mention honorable à l'exposition de Turin, 1858.

Mme REYMONDON veuve, fabricante à Chambéry

158 — Veaux cirés (pour l'exportation), fabrique spéciale et importante.

M. LAPOZE, fabricant d'horlogerie, à Pont-de-Veaux (Ain).

159 — Courroies d'une nouvelle composition.

M. PORTIGLIA, coiffeur à Chambéry.

160 — Vinaigre de toilette dit vinaigre impérial, 12 flacons à 2 fr. la douzaine.
161 — Bracelets en cheveux et un tableau.
162 — Mausolée entouré de fleurs et un tableau.
163 — Perruques perfectionnées et fabriquées par l'exposant.

M. JANTIN, fabricant de meubles en fer à Chambéry.

164 — Lit de fer avec sommier à réseaux élastiques, prix 100 fr.
164 — Fauteuils (deux) en treilllage métallique, 12 fr. la pièce.

166 — Chaises (deux) treillage métallique, 8 fr. 50 c. la
     pièce.
167 — Table ronde, 20 fr.
168 — Jardinière en fer avec son support.

MM. DELHORME et REGALLET, cafetiers à Aiguebelle.
169 — Limonade gazeuse, fabrication et ligature de leur in-
     vention.

M. PAQUELLET Joseph, propriétaire à Aiguebelle.
170 — Objets d'art et de patience.

M. MICHON François, ex-confiseur à Chambéry.
171 — Chocolat divers (neuf qualités), mention honorable
     à l'exposition de Turin de 1858.
172 — Compôte verte, dite de Chambéry.
173 — Conserves alimentaires au beurre, à l'huile, au vi-
     naigre et à l'eau.
174 — Liqueurs diverses fabriquées avec les produits du
     pays.

M. PEL François, horloger au Bourg-St-Maurice.
175 — Montre en miniature, montée sur camée, fabriquée
     par l'exposant, prix 150 fr.

M. ROSSET Eugène, coutelier, rue de Boigne, 19, à Cham-
     béry.
176 — Flammes (instruments de vétérinaire), perfection-
     nées par l'exposant.

M. CHAMBRE Alexandre, confiseur à Chambéry.
177 — Compôte verte de Chambéry, champignons préparés
     pour hors-d'œuvre.
178 — Chocolat broyé à la mécanique, 1re et 2me qualité.
179 — Pâte d'abricots en boîte.
180 — Fraises et griottes confites en boîte.

M. JUILLIARD Charles-Félix, propriétaire à St-Michel.
181 — Enthracite (morceau de 300 kilogr.), concession en
     1859 et mention honorable à l'exposition de Tu-
     rin 1858. Ce charbon sert aux fourneaux des fours
     à chaux, etc.

182 — Ardoises de Maurienne.

M. Edouard BÉGOS et comp., fabricants à Cognin.

183 — Savon jaune pâle d'acide oléique et suif, un plateau
de 15 kilog., deux barres de 2 kilog. 500, trois
morceaux de 500 grammes, prix 85 fr. les 100
kilog.

184 — Savon blanc, 1re qualité (suif pur), deux barres de
2 kilog. 500 grammes, et six morceaux de 500
kilog. Prix 100 fr. les 100 kilg.

185 — Savon blanc, dit de coco (huile de coco), deux pla-
teaux de 15 kilog., six barres de 2 kilog. 500
grammes. Prix 85 fr. les 100 kilog.

186 — Savon rouge de palmier (d'huile de palmier); s'emploie à sec pour dégraisser le drap, la soie, la
laine, etc., deux barres de 2 kilog. 500 grammes,
trois morceaux de 350 grammes et une douzaine
de tablettes ; 110 fr. les 100 kilog.

187 — Savon bleu pâle, marbré, dit de Marseille (huile
d'olive et suif), trois barres de 2 kilog. 500 grammes. Prix 95 fr. les 100 kilog.

M. TIOLLIER Sébastien, négociant à Chambéry.
188 — Chocolat fabriqué à la mécanique.

MM. GIANOLY et THABUIS, à Villard-Lurin près Moûtiers.

189 — Gyps blanc, trois fours et trois moulins à l'anthracite, vente annuelle de vingt mille sacs de 100
kilog. (Prix sur place 1 fr. le sac).

M. BARON Gaspard, fabricant à St Jean de Maurienne.
190 — Sabots de différentes formes, de 5 à 50 fr. la douzaine de paires.

M. GENTIL Joseph, fondeur à Chambéry.
191 — Deux pompes pour arrosage de jardins, aspirantes
et refoulantes.
192 — Flambeau torse en similor.
193 — Mortier en cuivre.
194 — Pompe à brides carrées.

195 — Chandeliers à bateau (quatre).
196 — Chandeliers à balustre (quatre).
197 — Chandeliers à coulisse (quatre).
198 — Bougeoirs (deux).
199 — Robinets de tonneau (six).
200 — Robinet à soutirer.
201 — Robinet de quilles.
202 — Robinet pour bain.
203 — Robinet manomètre.
204 — Boutons de portes variés pour serrures (deux paires).
205 — Lampes à bascule.
206 — Plat en cuivre.
207 — Porte-bouteille.

MM. TROUILLET Laurent et comp., fabricants à la Boisse.

208 — Briques ordinaires, réfractaires et creuses.
209 — Tuyaux de drainage et de fontaine.
210 — Jambages et lancis avec ou sans moulures.
211 — Poteries diverses.
212 — Cheminée franklin.
213 — Statue, pièce moulée.
214 — Nervures de voûtes d'église. (Vente dans le département de la Savoie, de la Haute Savoie, de l'Ain et de l'Isère).

M. CROCHON François, sculpteur à Chambéry.

215 — Groupe en ciment (descente de Croix).
216 — Statues en bois (deux), la Vierge et St-Joseph.
217 — Cadre de glace sculpté.
218 — Console toilette.

MM. TARDY frères, maîtres de forges à Cran près Annecy.
219 — Plâtre cuit, gris et rouge, carrière de Saint-Michel.
220 — Gyps blancs, même carrière.
221 — Table en fonte (id.).
222 — Bancs (trois), pieds en fonte.
223 — Vis de pressoir (400 kilog.)

M. VIAR Théophile, négociant à Albertville.
224 — Lit en fer avec sommier, très-bas prix.

M. GUIGUE Joseph, fermier à Sonnaz, hameau de la Chapelle.
225 — Lignite de la mine de M. Parent, avocat, 1 fr. 30 les
    100 kilog. à domicile ; 40 cent. sur les lieux.

M. GENIN Claude, propriétaire à St-Jean-pied-Gautiez.
226 — Machine pour ramoner les cheminées ; promptitude,
    facilité, économie.

M. GABERT, fabricant de malles, boulevard du Théâtre,
    Chambéry.
227 — 7 malles en cuir, genre parisien.
228 — 7 malles dites lyonnaises.
229 — 12 malles en cuir.
230 — 4 malles à chapeaux, pour dames.
231 — 6 étuis à chapeaux, pour hommes.
232 — Divers articles de voyage.

M. BONNET Joseph, meuleur rue des Prisons, Chambéry.
233 — Trois bustes de l'empereur Napoléon III.

M. RUBIN Louis, graveur sur métaux, à Chambéry.
234 — Gravures diverses, lettres de toutes espèces, aigle
    impériale armoiriée.

M. POLLINGUE Louis, négociant et coiffeur, à Chambéry.
235 — Mèches pour lampes à huile, économie d'huile surtout
    pour lampes d'église et boulangers. Durée : 4 jours
    et 4 nuits. 2 francs le 100.

M. le comte d'ARLOZ, propriétaire au Château de Gram-
    mont, par Culoz (Ain).
236 — Tourbes naturelles et moulées, exploitées à Culoz de-
    puis trois ans, d'après des procédés nouveaux, 17
    fr. les 100 kilog., moulées, 19 fr. rendues à Cham-
    béry.
237 — Briques et tuiles cuites à la tourbe.
238 — Soie grège, mention honorable à l'exposition de Pa-
    ris en 1855.

MM. CHAPEL et CHAPUIS, fabricants de draps, à Cognin.
239 — Draps cuir laine, qualités diverses, le mètre 5 fr.
    50 c. à 7 fr.

240 — Couvertures en laine en poil, de 2 fr. 25 c. à 25 fr.
Cabans et autres vêtements de 7 fr. et au-dessus.

M. BURGAT, ouvrier taillandier à Verrens-Arvey (canton de Grésy).
241 — Fers de bœuf perfectionnés, longue durée.

M. BESSON de Lille, cordier à Chambéry.
242 — Cordes inventées et fabriquées par l'exposant ; élégance et solidité.

MM. ROCHE et THABUIS, à Moûtiers.
243 — Anthracite, divers échantillons ; mine découverte en 1857, située dans les communes de la côte d'Aime et de Monvalaisan sur Bellentre, pouvant fournir 5 millions de kilogrammes par an d'un charbon employé à l'alimentation des salines de Moûtiers, par les forgerons, à la cuite des gyps et de la chaux. Prix de la benne, net, les 100 kilogrammes : 1 fr. pris à Aime.

Mmes VALOIS sœurs, fabricantes de corsets à Chambéry.
244 — Corsets (2) avec leurs bustes.

MM. PONTBICHET, TUFFET et Comp., brasseurs à Mâcon. Entrepôt à Chambéry.
245 — Une pièce de bière de 30 litres.

M. LÉPINE Claude, fabricant de clous, à Chambéry.
246 — Deux chaînes en fer de différente grandeur, pour rincer les tonneaux ; inventées et fabriquées par l'exposant.

M. FONTAINE-TRANCHANT, avocat à Albertville,
247 — Acide gallique en gâteau ; fabrication annuelle, tant à l'état sec qu'à 20 degrés, seize mille kilos environ. La production sèche s'exporte dans la Suisse allemande, et le produit liquide chez M. le baron Blanc à Faverges, et à Lyon pour la teinture.

M. FORESTIER Maximilien, propriétaire à Annecy.
248 — Meules pour faulx, extraites de la carrière décou-

verte par l'exposant, à Glapigny, commune de Thônes. Qualité constatée par certificats authentiques. Ces meules étaient jusqu'ici importées du dehors.

M. FAYOL Alexis, fondeur mécanicien à Chambéry.
249 — Pompe aspirante et refoulante, à deux corps, pouvant servir de deux manières, soit en versant l'eau dans la caisse, soit en prenant l'eau par un boyau d'aspiration.

M. GAVARD Louis, mécanicien serrurier à Montmélian.
250 — Pressoir en fer.

M. THIABAUD François, propriétaire à Avillard.
251 — Mine de fer, découverte récemment par l'exposant, sur le territoire de la commune d'Arvillard, au lieu dit Gargoton. Filon de 5 à 60 centimètres d'épaisseur, sur une hauteur de 4 à 5 mètres.

M. CLAVEAU Jacques, fabricant de treillages en bois à Chambéry (rue du Sénat).
252 — Berceau en treillage de bois, genre chinois.
253 — Panneau en treillage de bois, pour clôtures de jardins.

M. GENTET Guy, ouvrier chez Mme Schlibs, fabricante de poterie à Cognin.
254 — Cinq vases en terre cuite, vernis, pour fleurs, etc., fabriqués par l'exposant.
255 — Terres à porcelaine, de grès et à poterie, de la montagne de Gerbet, près la Grotte.

M. CARLE Pierre, ouvrier imprimeur à Chambéry, rue Croix-d'Or.
256 — Un tableau paysage, en relief formé par du cartonnage, des feuilles artificielles et du liége (hauteur 30 centimètres, longueur 40 centimètres). Fabriqué par l'exposant.

M. PILLET Jacques, chamoiseur à St-Michel (Maurienne).

257 — Peaux de bouc (20 fr.), de chamois (20 fr.), et d'agneau (fr. 50 c. l'une), chamoisées.

M. VAUDEY Alexis, négociant à Chambéry.
258 — Tuiles mécaniques, en terre cuite, fabriquées à Saint-Romain-des-Fossés (Mâcon).

MM. PELLETIER et Cᵉ, représentés par **M.** Ranchon Sébastien. Exploitation de mine à St-Michel (Maurienne)
259 — Anthracite, 4 kilog. (1 fr. 10 c. les 100 kil.) — Exploitation par la vapeur, avec une machine de la force de 14 cheveaux.

260 — Anthracite agglomérée, 7 kilog. — Employée au chauffage des locomotives et, des chaudières simples et tubulaires. Ces agglomérés sont forés à l'intérieur pour faciliter la combustion. (1 fr. 75 les 100 kilog.

261 — Coke, 10 kilog., obtenu de l'anthracite ci-dessus. (2 fr. 25 c. les 100 kilog.).

262 — Calcaire argileux, 3 kilog., avec un échantillon de sa réduction en chaux hydraulique, des carrières et fours coulants à anthracite, de la commune de Saint-Martin-d'Arc. (1 fr. les 100 kilog.)

263 — Calcaire, 2 kilog., avec échantillon de sa réduction en chaux grasse. — Mêmes carrières et fours. (La chaux grasse, 1 fr. 20 c. les 100 kilog. Les numéros 1, 2 et 3, médaille de bronze à l'expo sition de Turin, 1858).

M. DOLIN, fabricant à Chambéry.
264 — Collection de liqueurs, et **VERMOUT** dit de Chambéry ; production annuelle, 2000 hectolitres, vendus en France, en Italie et en Suisse.

M. DUNAND Jean, propriétaire à Pringy, près Annecy.

265 — Drains de 20 fr. à 80 fr. le mille.
266 — Briques de 20 à 60 fr. le mille.
267 — Tuiles garanties à 26 fr. le mille.

M. COMPAGNON Michel, propriétaire à Aigueblanche.
268 — Ardoises récemment découvertes à la Léchère, commune de N.-D. de Briançon.

M. CUVET Antoine, de Grand-Cœur.
269 — Ardoises extraites au col de la Madeleine, commune de Darcy.

MM. GANDER et Cⁱᵉ.
270 — Poudre d'os pour engrais, de sa fabrique à Rives, sous Thonon. Cette poudre se fait par une roue hydraulique qui fait mouvoir six pilons de 60 kilog. chacun. Création nouvelle.— Puissant engrais pour vignes, prairies, etc.

M. GUILLERME Amable, balancier à Chambéry.
271 — 4 balances de sa fabrication, dont une *d'essai*, — de 50 à 200 fr.

M. JAY Claude, entrepreneur à Aix-les-Bains.
272 — Une peau de buffle de la Nouvelle-Orléans ; prix : 120 francs.

M. LEJEUNE Auguste.
273 — Houille de la société civile de Vouavres, à Taninges.

M. MERMET François, fabricant a Chambéry.
274 — Chaines de fer, licols, étrilles, etc., de sa fabrication.
Ouvrier exécutant : Jolet François, chef d'atelier.

Omissions faites dans les 1ᵉ et 2ᵉ classes des animaux.

M. FIARD Alexandre, cultivateur à la Motte-Servolex.
275 — Une vache laitière, 6 ans, poil noir, race suisse, née chez l'exposant.

M. GAGNIÈRE Michel, propriétaire à Cornin, près d'Aix.
276 — Deux vaches laitières, l'une 6 ans, race tarine, l'autre 8 ans, race croisée de Gex et du pays.

M. LAPRAZ Benoît, cultivateur à Thoiry.
277 — Un mulet âgé de 5 ans, poil brun.

M. MOLIN Antoine, cultivateur au Bioley.
278 — Une vache laitière agée de 6 ans, race du pays.

Concurrents non inscrits au précédent catalogue, mais admis au concours pour les sujets portés aux 2e, 3e et 4e divisions du programme des prix.

Deuxième division (p. 165).

Amblet César.
Anglays, baron.
Berlioz Constant.
Combaz Joseph.
Codet Antoine.
Crozet Mouchet.
De Marcley.
Duhem, neveu.
Duqueux Joseph.
Excoffon Claude.
Farnier Jean-Claude.
Frère Fazel.
Gaillard J.-J.
Gaillard Fabien.
Gaspard Christophe-Marie.
Girod Joseph.
Girard Jean.
Gotheland dit Prince.
Guiguet Claude.
Lanfrey Cristophe.

Lacour Joseph.
Mareschal Laurent.
Nicoud Joseph.
Pinget, notaire.
Python Victor.
Riondet Joseph-Henri.
Terme Lazare.

Troisième division (p. 166).

Cellière et Jalabert.

Quatrième division (p. 166).

Blanchet Louise.
Cagnon Claude.
Delorme Péronne.
Guillermin Claude.
Montigon Gabriel.
Perret Martin.
Poncet Marie.
Tardy Joseph.
Tirard Annette.

DISTRIBUTION SOLENNELLE DES PRIX

Le 18 août 1860.

A une heure après midi, M. Dieu, préfet du département, arrivait au milieu du concours, entouré d'une commission d'honneur qui était allée le chercher à la préfecture.

Assisté de M. le maire, des membres du jury, des présidents de section et des commissaires de l'exposition, M. le préfet parcourut d'abord la longue et double ligne d'animaux exposés, puis l'élégante et vaste galerie des produits agricoles et industriels, ainsi que le champ réservé à l'exhibition des instruments et machines.

Cet éminent fonctionnaire s'entretint avec un grand nombre d'exposants, tous placés à côté de leurs objets, les questionna sur leur industrie, le nombre d'ouvriers employés, l'importance de leur fabrication, etc., et adressa à chacun de bonnes et encourageantes paroles.

Cette visite, qui ne dura pas moins de deux heures, n'avait pas pour but un simple motif de curiosité, M. Dieu lui avait réservé une tout autre importance. En effet, par une discussion approfondie sur les principaux sujets exposés, entre cet intelligent magistrat et les membres du jury, en public et en présence des intéressés, les décisions du jury, arrêtées la veille sur les rapports des commissions, recevaient ainsi une consécration authentique, en faisant connaître aux exposants les raisons principales qui les avaient motivées.

Après ce long et intéressant examen, M. le préfet alla
prendre place sur une estrade préparée à cet effet, et
élégamment ornée de faisceaux et de drapeaux tricolo-
res. Entouré des membres du jury et des présidents des
commissions, M. Dieu avait à ses côtés M. le baron d'A-
lexandry, maire de la ville, M. Vergé, général com-
mandant la subdivision militaire, et M. Millevoye, procureur général. Des places d'honneur avaient été réservées
aux sociétés savantes et aux fonctionnaires supérieurs
des administrations civiles et militaires, parmi lesquels
on remarquait, venus exprès pour cette solennité,
MM. Vicaire, directeur général des eaux et forêts,
et Bella, directeur de l'école impériale d'agriculture de
Grignon, tous deux membres de la société impériale et
centrale d'agriculture de France. En outre, un grand
nombre de personnes de distinction et de dames en élé-
gantes toilettes garnissaient l'enceinte, tandis qu'une
foule immense remplissait littéralement la belle promenade du Vernay.

La musique du 54ᵉ de ligne, mise obligeamment à notre disposition par M. le colonel de ce régiment, contribua, par son harmonieux concours, à donner un agré-
ment de plus à cette imposante cérémonie.

Il était trois heures quand M. le préfet ouvrit la séance,
et prononça d'une voix ferme le remarquable discours
suivant, plus d'une fois interrompu par de chaleureux
applaudissements.

MESSIEURS,

La Société d'agriculture de Chambéry a inauguré avec bonheur, en Savoie, les concours agricoles, très-répandus aujour-
d'hui en France, et dont les bons effets ont reçu la sanction
de l'expérience. Nous allons procéder à la distribution des récompenses accordées à ceux dont les animaux, dont les produits, dont les machines agricoles se recommandent par un
mérite distingué. Je ne connais pas de tâche qui me soit plus

agréable que de participer à vos travaux en les encourageant, et c'est avec une véritable satisfaction que je suis venu présider cette fête.

Et d'abord, permettez-moi de vous féliciter vivement, MM. les membres de la Société d'agriculture, du zèle, de l'activité et de l'intelligence que vous avez déployés pour organiser cette remarquable exposition et pour apprécier le mérite des concurrents. Vous avez rendu à la Savoie un service signalé, dont les amis de l'agriculture se souviendront. Vous avez également bien servi le gouvernement de l'Empereur en traduisant par un fait éclatant, aux yeux de nos populations nouvellement françaises, ses généreuses intentions en faveur de la profession agricole. Grâce à vos soins, grâce à la noble émulation des cultivateurs, ce concours a l'importance des concours régionaux. Recevez-en, je le répète, mes très-vives félicitations.

Et vous, MM. les cultivateurs, qui vous êtes rendus avec tant d'empressement à l'appel de la Société d'agriculture, vous avez compris, et je vous en remercie, la dignité de la noble profession que vous exercez. Longtemps l'agriculture a été considérée comme un métier vulgaire abandonné à la routine et à l'empirisme. Les procédés étaient transmis, de générations en générations, des pères aux enfants, sans qu'on cherchât à se rendre compte de leur mérite et à y apporter de perfectionnement. Ils avaient la consécration du temps ; et c'est ainsi que le progrès était entravé, il faut le dire, par l'exagération même d'une excellente qualité des classes agricoles : le respect de la tradition.

Les découvertes scientifiques qui honorent notre siècle, et dont l'application à l'Industrie en a entièrement renouvelé les procédés et multiplié à l'infini les produits, ont semblé pendant très-longtemps étrangères à la production agricole. Mais, comme tout s'enchaîne dans l'activité des peuples, le progrès de l'industrie amène peu à peu le progrès de l'agriculture. Vous savez combien, dans ces derniers temps, s'est perfectionné l'outillage agricole. L'emploi des machines a déjà, dans les pays avancés, modifié entièrement le travail des fermes. Les améliorations ne s'arrêteront plus. Les hommes d'intelligence et de cœur comprennent que le travail de la terre est le fondement de la prospérité publique. C'est lui qui nourrit les populations et procure à l'industrie les matières premières qui font l'objet de ses ingénieuses élaborations. Et, dans un autre ordre d'idées, combien ne doit-on pas aimer et encourager un art qui procure à la patrie des populations saines, énergiques et amies des bonnes mœurs ? Au milieu des commotions sociales dont nous avons été affligés, et à la vue de cette épidémie morale que de mauvaises doctrines au service de détestables passions ont propagée dans nos grandes villes, nous n'avons jamais désespéré du salut public. La sécurité intérieure de la France, à laquelle la Savoie est désormais unie par des liens indissolubles, comme sa force au dehors, repose sur une population de 25 millions d'agriculteurs, amis de l'ordre et fidèles aux traditions de la gloire nationale. Que de motifs, Messieurs, de vous dévouer à la noble tâche que vous avez entreprise ! Vous avez été énergiquement secondés, n'en doutez pas, par le gouvernement de l'Empereur. Un homme qui n'est pas seulement un grand jurisconsulte et un grand orateur, mais qui est aussi un ami dévoué de l'agriculture, M. le procureur général Dupin, disait, dans une solennité semblable à la nôtre : « L'Empereur, « dont la fibre répond si attentivement à la fibre populaire, « l'Empereur comprend l'importance des comices , il entoure « cette institution d'encouragement et de protections. On sait, « en effet, combien Sa Majesté est heureuse de se mêler aux « braves populations des campagnes, dont elle connaît le dé- « vouement et apprécie les travaux. » Soyons fiers, Messieurs, de ce bienveillant intérêt qu'en toutes circonstances l'Empereur est heureux de témoigner à l'agriculture, à ceux qui l'aiment et la pratiquent. Dans quelques jours, il sera parmi nous. Il apprendra avec intérêt ce que vous avez fait ; il sera satisfait lorsqu'on lui dira que dès votre début vous avez placé votre pays au rang des pays les plus renommés par l'importance et l'éclat des concours de l'agriculture.

Fidèles aux intentions bien connues du gouvernement, je m'efforcerai, Messieurs, dans la limite de mon pouvoir, de seconder vos efforts. Il faut multiplier les réunions semblables à celle-ci, afin de stimuler, par l'exemple et par des récompenses honorables, le zèle des cultivateurs. Rien n'a plus contrarié le progrès de l'agriculture que l'isolement de ceux qui s'y livrent. C'est par un contact fréquent avec des personnes éclairées que de nouvelles idées entreront dans leur intelligence, et que peu à peu la routine fera place à une pratique raisonnée. Il est impossible que l'aspect de tant d'animaux remarquables, dont les qualités sont mises en saillie par des observations judicieuses, et de tant de machines ingénieuses qui honorent cette exposition. ne produise pas quelques résultats utiles, en excitant l'attention des cultivateurs.

La vigoureuse impulsion qui a été donnée en France à la

création des routes et des chemins de tous ordres a rendu de grands services aux campagnes. La Savoie est appelée à jouir des mêmes avantages. Elle devra, je l'espère, dans un avenir prochain, au gouvernement de l'Empereur, le développement de ces grandes lignes de communication qu'on a appelées si souvent, tant l'expression est juste, les artères de la richesse publique. De concert avec les pouvoirs électifs locaux, je m'efforcerai de multiplier les chemins d'un ordre inférieur, dont l'utilité n'est pas moindre et dont l'usage intéresse plus directement les cultivateurs. Si les grandes lignes permettent aux produits de circuler librement et d'aller au loin chercher le marché le plus rémunérateur, les petits chemins, en rendant facile le transport des engrais et des récoltes, diminuent les frais de production et favorisent ainsi l'essor de l'agriculture.

Telle sera, messieurs, la première préoccupation de l'administration ; mais, sans sortir de l'ordre d'idées qui nous occupe, combien d'autres améliorations n'avons-nous pas à réaliser ? Ainsi, par l'application des lois forestières françaises, les bois des communes, sagement ménagés et conservés avec vigilance, seront dans l'avenir une source de prospérité pour les populations et de richesse pour les communes, en même temps qu'ils contribueront à préserver nos vallées des ravages des inondations. C'est un bienfait que tous les hommes éclairés appellent de leurs vœux.

Mais je ne dois pas retarder plus longtemps la distribution des récompenses méritées à la suite de ce brillant concours. Je le dis de nouveau, je suis heureux de prendre part à vos triomphes, comme je m'intéresse à vos travaux. Que ce premier concours, si honorable pour l'agriculture de la Savoie, soit suivi de beaucoup d'autres, et que chaque solennité agricole nouvelle soit pour nous l'occasion de constater de nouveaux progrès. C'est ainsi que la Société d'agriculture augmentera encore la réputation qu'elle a su conquérir, et que la population savoisienne, dont l'attitude naturelle est si remarquable, prendra rang parmi les populations françaises les plus avancées dans l'agriculture.

Ce discours, écouté avec un religieux silence, a été suivi d'unanimes applaudissements, et de cris répétés de Vive l'empereur, qu'ont accompagnés plusieurs cris de Vive M. le préfet.

Après son discours, M. le préfet a donné la parole à M. Bonjean, secrétaire, pour le compte rendu général du résultat du concours.

M. Bonjean s'est exprimé en ces termes :

Monsieur le Président, Messieurs les Jurés,

Au milieu des progrès incessants qui se développent et s'accomplissent autour de nous depuis un certain nombre d'années, l'agriculture a dû suivre l'impulsion donnée à toutes les branches des connaissances humaines. Cette mère nourricière des nations a réclamé à tant de titres l'appui des gouvernements intelligents, l'influence, le zèle et le dévouement des hommes spéciaux, qui, tous, ont répondu à cet appel. Ce concours de forces matérielles et morales n'a pas produit, il est vrai, tout ce qu'on pouvait attendre de l'état avancé de la science agricole, mais il faut tenir compte de l'esprit d'indifférence et de l'apathie qui caractérisent l'agriculteur en général, aussi bien que de la routine dans laquelle le fils veut mourir parce que le père a pu y traîner une chétive existence.

Dans cet état de choses, il était utile de ramener les cultivateurs, les propriétaires même, dans une voie meilleure. Que fallait-il pour cela ? Les réunir, les mettre à même de se voir, de se communiquer leurs essais, leurs expériences et leurs observations, afin des'instruire mutuellement, dans l'intérêt de tous.

C'est pour atteindre ce but dans nos localités que s'est fondée, le 19 avril 1857, la Société centrale d'agriculture de ce département, s'engageant, le jour de sa naissance (article 13 de son règlement), à distribuer chaque année, en séance publique, des encouragements aux diverses branches de l'agriculture. Désirant faire mieux encore, cette Société a provoqué un concours à Chambéry, dans le but d'améliorer les races de nos animaux de ferme, et de développer l'industrie agricole du pays pour accroître sa prospérité matérielle.

Cet appel a été entendu, vous en avez les preuves autour de vous. Ces nombreux animaux, dont les cris discordants se mêlent d'une manière si pittoresque à la douce harmonie des musiques, les produits riches et variés, l'importance et les quantités de machines et d'instruments exposés, venus de toutes les parties des départements annexés et limitrophes, vous disent assez que les résultats de ce premier essai ont dépassé nos espérances. Grâces en soient rendues à tous ceux qui nous ont facilité les moyens de réaliser cette œuvre d'utilité publique. Merci donc à M. le préfet, qui, à peine arrivé parmi nous, a bien voulu apporter sa part d'influence et d'éclat à cette solennité, en la présidant et en nous faisant obtenir un subside du gouvernement impérial, auquel nous en témoignons notre reconnaissance sincère. Merci à M. le maire et à son conseil, qui nous ont si admirablement secondés par les généreux sacrifices qu'ils ont imposés au trésor de la ville, et en nous permettant de placer cette fête de famille sous leur honorable patronage. Merci encore à messieurs les maires, curés, journalistes et autres personnes dévouées qui ont facilité ce concours par leur conseils, leur influence ou leur appui. Il vous revient à tous une grande part de l'œuvre ; la Société centrale d'algriculture vous en remercie au nom du pays.

Ces concours, messieurs, que s'empressent toujours d'encourager les gouvernements sages et éclairés, provoquent l'amélioration et le perfectionnement dans les diverses branches de l'agriculture, et suscitent une noble et utile émulation entre les diverses classes de citoyens conviés à ces tournois agricoles.

Rien n'est si touchant et si moral à la fois que de voir l'homme titré et le riche propriétaire partager avec l'ouvrier et l'homme des champs la palme de la victoire. Voilà, messieurs, des luttes qui ennoblissent le cœur et élèvent l'âme vers les meilleurs sentiments ; voilà des combats qui offrent du mérite même aux vaincus par la participation qu'ils y ont prise. Faisons donc tous nos efforts pour provoquer souvent chez nous ces révolutions de l'intelligence qui ne tuent que la routine et les abus, ne détruisent que pour régénérer et ne bouleversent que pour enrichir.

Avant de passer à l'appel nominal des élus que vous devez couronner, je vais, messieurs, vous faire connaître les résultats statistiques du concours.

324 personnes de toutes conditions, de tous rangs, ont pris part à cette solennité. Ce nombre se décompose ainsi :

Pour le département de la Savoie : Chambéry, 76 ; les communes voisines, 56 ; le reste du département, 128 260

Pour le département de la Haute-Savoie : Annecy, 6 ; le reste du département, 22 28

Pour le département de l'Ain 11

— de l'Isère 12

— du Rhône 5

— Saône-et-Loire. 4

Pour les départements de la Seine, de la Côte-d'Or, du Jura et de Seine-et-Oise. 4

Total. 324

Voici maintenant le nombre des animaux de toute espèce admis à l'exposition :

RACE BOVINE :	Taureaux . . . . 28 Vaches laitières. . . . . . 68 Génisses . . . . 50 Bœufs gras 9	155

RACE OVINE 62

RACE PORCINE 25

ANIMAUX DE BASSE-COUR, 12 lots, 28 espèces . . 153

RACE CHEVALINE : juments poulinières et chevaux, 17 ; mules et mulets, 8 25

Total des animaux. 400

Le nombre des machines ou instruments agricoles s'élève à 90 pour 40 exposants.

Les produits agricoles et industriels ont pris une large et belle part à l'exposition. On compte :

Pour les produits agricoles, 83 variétés fournies par 48 exposants ;

Pour les produits industriels, 229 variétés fournies par 84 exposants.

Total : 132 exposants pour 312 produits différents représentant environ 500 sujets.

Comme vous le verrez bientôt, ces produits représentent à peu près toutes les industries qui peuvent figurer à ces expositions.

Total des animaux, machines, instruments et produits exposés 990

Si l'on considère que le seul département de la Savoie, a fourni plus des $4/5^{mes}$ de ces chiffres, on voit, en consultant les listes officielles des concours régionaux de Mâcon, Bourg et Lons-le-Saunier, qui comprenaient chacun dix départements, que le concours de Chambéry a produit des résultats numériques dans une proportion considérablement plus grande. On peut juger de son importance par les chiffres suivants :

	Mâcon.	Bourg.	Lons-le-S.	Chambéry.
Espèce bovine.	271	486	364	155
— ovine.	81	90	53	62
— porcine	45	57	53	25
Animaux de basse-cour	44	237	120	lots 12
				(28 esp.)
	441	870	590	254

	Mâcon.	Chambéry.
Instruments, machines et appareils agricoles	253 lots	40 lots
Produits agricoles.	139	48
Produits industriels.	63	84
Total.	455	172

Les concurrents pour les objets d'agriculture se répartissent de la manière suivante :

	Nombre d'inscrits.
Culture des terres, étables et engrais .	31
Fourrage (luzernes, sorgho, betteraves).	25
Arboriculture	13
A reporter . .	69

	Report.	69
Viticulture		10
Floriculture		7
Céréales (blés semés en ligne et par poquets).		6
Horticulture.		8
	Total	100

Il y a eu enfin 9 inscrits pour les prix affectés aux valets de ferme, parmi lesquels vous aurez à couronner des sujets qui ne le cèdent en rien, tant pour la durée des services que pour les traits de probité, aux premiers lauréats des concours précités.

Applaudissons-nous, Messieurs, de ces résultats; ils prouvent ce qu'on peut attendre d'un concours régional, auquel ce premier essai facilitera et préparera l'heureuse réalisation.

J'arrive, Messieurs, à la partie de cet exposé si impatiemment attendue par les exposants que vous avez jugés dignes de récompenses; je suivrai, pour ce tableau, l'ordre adopté dans le programme des prix, que nous avons fait connaître.

PREMIÈRE DIVISION.

Animaux.

1re SECTION. — RACE BOVINE.

Taureaux. — Races étrangères.

1er prix. — (Race vivaraise), M. Jean Sulpice dit Rosset, cultivateur à la Motte-Servolex.

2e prix. — (race d'Ayr). M. Henri Ract, propriétaire à Montmeillerat.

Médailles de bronze : (Race suisse de Berne). M. le comte Victor de Villette, propriétaire à Giez, canton de Faverges ;

(Race d'Ayr). M. le marquis Costa de Beauregard, propriétaire à la Motte-Servolex.

Races du pays.

1er prix. — M. Jacques Monod. propriétaire au Noyer en Bauges.

2e prix. — M. Joseph Guillet, propriétaire à Saint-Ours.

Médaille de bronze. — M. Jean Doux, cultivateur à Montailleur, près d'Albertville.

Vaches laitières.

1er prix. — M. Joseph Gotteland, propriétaire à la Ravoire.

2e prix. — M. le baron Francisque du Bourget, propriétaire à Bonport, près d'Aix-les Bains.

3e prix. — Mme Brueraz Marguerite, propriétaire à Ste-Hélène des Millières.

Médailles de bronze. — M. Tournier Jean-Marie, marchand de bestiaux à la Biolle ;

M. le marquis Costa de Beauregard, déjà nommé, pour avoir importé dans le pays une race pure, quoique peu laitière.

Génisses.

1er prix. — M. Charles Dumas, notaire au Noyer en Bauges.

2e prix. — M. Michel Montagnole, propriétaire au Montcel.

3e prix. — M. le comte Victor de Villette, déjà nommé.

Mentions honorables. — M. François Blanc, propriétaire à Bissy.

M. Amédée Ancenay, propriétaire à Grand-Cœur (Tarentaise).

2e SECTION. — RACE CHEVALINE.

Juments poulinières.

1er prix. — M. Louis Pichat, fermier chez M. Berlioz, au Pont-Beauvoisin.

2e prix. — M. François Cessens, propriétaire à St-Félix.

Mention honorable spéciale. — M. le comte Raoul Costa de Beauregard, pour sa jument anglaise.

Mules et mulets.

1er prix. — Mme veuve Ramaz née Chavannel, propriétaire à Albens.

2ᵉ prix. — (Mulet). M. Pierre Perret, propriétaire à St-Christophe, près la Grotte.

La commission regrette que nos montagnes n'aient pas envoyé un plus grand nombre de mules et mulets à l'exposition, afin de donner une idée plus complète de cette espèce d'animal, dont plusieurs de nos communes sont richement pourvues.

3ᵉ SECTION. — RACE OVINE.

1ᵉʳ prix. — M. Eugène Jacquelin, propriétaire à la Ravoire.

2ᵉ prix. — M. Ancenay, déjà nommé.

Cette espèce appartient à la race mérinos ; elle se distingue par la beauté de sa laine, la qualité de sa chair et sa facilité à vivre dans les montagnes les moins productives de la Savoie.

Mention honorable. — M. Antoine Sulpice, cultivateur à Bissy.

4ᵉ SECTION. — RACE PORCINE.

Un 1ᵉʳ prix. — 1° M. Henri Ract, déjà nommé, pour avoir introduit et acclimaté des races nouvelles ;

2° M. Xavier Drevet, propriétaire éleveur à Varces, près Grenoble.

Un 2ᵉ prix. — 1° Aux Frères du pensionnat de la Motte-Servolex :

2° M. Emmanuel Chambonnal, propriétaire à Epierre.

Mention honorable. — M. Michel Carcet, avocat à Chambéry.

M. Garbolino, charcutier à Chambéry, a exposé des porcs gras indigènes, qui eussent probablement été primés, si cet honorable négociant eût été éleveur.

5ᵉ SECTION. — ANIMAUX DE BASSE-COUR.

1ᵉʳ prix. — M. Auguste Berlioz, propriétaire au Pont-Beauvoisin (Isère).

2ᵉ prix. — M. Xavier Drevet, déjà nommé. Les canards normands de cette collection sont remarquables.

Mention honorable. — M. Charles Sylvoz, propriétaire à Saint-Jeoire.

La commission regrette que plusieurs des exposants inscrits n'aient pas amené les animaux promis.

2ᵉ DIVISION.

1ʳᵉ SECTION. — FOURRAGES.

Luzernes.

1ᵉʳ prix. — M. le baron Girod Monfalcon, propriétaire à Ruffieux.

2ᵉ prix. — M. Francisque Bontron, déjà nommé.

Médailles de bronze. — M. le baron Angleys, propriétaire à Barberaz;

M. J.-J. Gaillard, avocat à Chambéry ;

M. Laurent Maréchal, conseiller à la cour impériale de Chambéry.

Sorgho.

Il n'y a pas eu de prix décerné pour cette culture.

Bettcraves.

1ᵉʳ prix — M. le comte de Chambost Hippolyte, propriétaire à Bassens.

2ᵉ prix. — M. César Amblet, propriétaire à Annecy.

Médailles de bronze. — M. Berlioz, déjà nommé ;

MM. Codet père et fils, horticulteurs à Chambéry ;

M. Christophe Lanfrey, fermier général de M. le comte Barral à St-Laurent du Pont (Isère).

2ᵉ SECTION. — CÉRÉALES.

Blé semé en lignes et par poquets.

Pas de prix décerné.

Mentions honorables. — M. Chambonnal, déjà nommé ;
M. Gaspard Duhem neveu, cultivateur à Cruet.

Toutefois la commission a reconnu qu'avec plus de soin, M. Lacoste Fleury a pu obtenir ainsi des céréales qui présentaient la plus belle apparence, et que chez M. Lanfrey, déjà cité, les céréales semées en lignes tracées par le semoir Perrin ne laissent rien à désirer. La commission ajoute que M. Lacoste ne se distingue pas seulement par ses céréales, mais que toutes ses autres récoltes sont vraiment admirables.

3e SECTION. — VITICULTURE.

Un premier prix d'honneur spécial (médaille en vermeil) est décerné à M. Henri Mol, propriétaire à Faverges, pour avoir augmenté la qualité et la valeur des vins dans le pays qu'il habite, par ses procédés nouveaux d'établissement et de culture de la vigne, ainsi que de vinification.

1er prix du programme. — M. Charles Rey, propriétaire à Montmélian, pour sa culture la mieux soignée et la plus perfectionnée que la commission ait trouvée dans les vignobles de cette localité, ainsi que pour le mode d'établissement de sa vigne des Molettes.

2e prix. — M. Victor Python fils, banquier, pour avoir introduit dans ses vignes la plantation en quinconce par provignage, et pour la bonne direction des soins généraux apportés à sa culture.

Mention honorable. — M. Benoît Pillet, jardinier à Chambéry, pour sa culture en treille de plans de Bourgogne sur une étendue d'un hectare, donnant les plus beaux produits, résultat attribué par la commission au genre de taille.

4e SECTION. — ARBORICULTURE.

Un premier prix. — 1° A M. Charles Sylvoz, déjà nommé, pour l'habile direction donnée à une plantation de 350 poiriers, composée de 80 des meilleures variétés connues à ce jour. Cet intelligent arboriculteur a pratiqué sur ses arbres tous les genres d'opérations qui assurent la réussite, et il a su donner à chaque variété la forme qui convient le mieux à son mode de végétation.

2° A M. Duqueux Joseph, jardinier chez M. le marquis Costa de Beauregard, à la Motte-Servolex, pour une série de 400 pieds d'arbres, pêchers, poiriers, pommiers, abricotiers, conduits et traités d'après le système Lepère de Montreuil. Cette culture exerce une utile influence dans les localités voisines.

2e prix. — MM. Codet père et fils, déjà nommés, pour une belle plantation de 280 poiriers aux formes les plus nouvelles. MM. Codet font subir à leurs arbres tous les genres d'opérations qui assurent le succès, et ont obtenu de beaux résultats, bien qu'ayant opéré sur un sol bas et humide. Ces habiles arboriculteurs ont beaucoup contribué à vulgariser les procédés nouveaux, soit par les élèves qu'ils ont formés, soit en opérant eux-mêmes dans un grand nombre de localités.

Mentions honorables. — M. le baron Girod-Monfalcon, déjà nommé, pour une plantation de 150 arbres environ d'après les nouveaux principes de taille, et qui ont le mérite d'être conduits et élevés sous l'intelligente direction d'une dame ;

M. Benoît Pillet, jardinier à Chambéry, pour une plantation de 80 poiriers en pleine production ;

M. Henri Ract, déjà nommé, pour une centaine de poiriers chargés de fruits et soumis aux formes les plus convenables.

5ᵉ SECTION. — FLORICULTURE.

1ᵉʳ prix. — M. Anthelme Tissot, fleuriste à Chambéry.
2ᵉ prix. — MM. Codet, déjà nommés.
Mentions honorables. — Mˡˡᵉ Joséphine Plagne, fleuriste
Mᵐᵉ Jeanne Tissot, fleuriste à Chambéry ; [à Chambéry ;
M. Joseph Combaz, jardinier à Chambéry.

6ᵉ SECTION. — HORTICULTURE.

Collection de fruits.

1ᵉʳ prix. — MM. Codet, déjà nommés, pour une belle collection de poires, prunes, pommes et raisins.

2ᵉ prix. — M Charles Sylvoz, déjà nommé, pour une belle collection de poires et quelques raisins.

Mentions honorables. — M. Ancenay, de Grand-Cœur, déjà nommé. Corbeille de poires et raisins ;

M. Joseph Combaz, déjà nommé. Poires, abricots, pêches et pommes ;

M. Claude Excoffon, jardinier à Chambéry, Abricots superbes, pêches et belles poires.

Collection de légumes.

1ᵉʳ prix. — M. Louis Combaz, jardinier à Chambéry, pour

une magnifique exposition de dix-huit variétés de pommes de terre.

2e prix. — M. Joseph Combaz, déjà nommé, pour sept variétés de pommes de terre.

Mention honorable. — M. Dolin, fabricant de liqueurs à Chambéry, pour trois variétés de superbes pommes de terre.

TROISIÈME DIVISION.

Mécanique.

Machines à battre et instruments d'agriculture.

(Etaient aussi admis au concours les machines et instruments de fabrique française et étrangère.)

Ensuite d'un rapport de la commission qui a été visiter les moulins à farine, système anglais, récemment construits, à grands frais, à Arbin, par MM. Cellière et Jalabert, le jury leur a décerné une médaille en vermeil, comme prix d'honneur spécial, primant tous ceux de cette division, en raison de l'importance, pour le pays, d'un établissement de ce genre, qui peut moudre en moyenne et pendant toute l'année 1,500 hectolitres de blé par mois.

Prix portés au progrmme.

1er prix. — M. Henri Racl, propriétaire à Montmeillerat, pour sa riche collection de machines et outils agricoles, tous employés dans son importante exploitation.

2e prix. — M. Jean-Baptiste Faure, carrossier à Grenoble, pour une collection de machines et instruments agricoles.

M. Bella, directeur de l'Ecole impériale d'agriculture de Grignon, en envoyant une collection de machines agricoles, dans laquelle figure une charrue 1er prix au concours universel de 1855 et 1856, et qu'il a offerte à la Société d'agriculture de Chambéry, a déclaré ne vouloir pas concourir. Sans cette réserve, le jury aurait décerné un prix à cet habile agrenome.

Médailles de vermeil. — M. J. Chevalier, fabricant d'instruments à Ornex (Ain), pour deux semoirs.

MM. Mure frères, fabricants à Chambéry, pour un tarare ventilateur à blé et leur collection de mesures en fer et en bois pour les liquides et les grains, cribles, ruches, etc.

Médailles d'argent. — M. Morand, mécanicien, faubourg de Bœuf à Annecy, pour une machine à battre, avec manége, construite chez lui.

M. Thomas, mécanicien à la Tour du Pin (Isère), pour une machine à battre, avec manége, construite chez lui.

MM. Delaquis frères, mécaniciens à Sallanches, pour une batteuse à bras ou à manége.

M. Benoît Pillet, jardinier au Verney, à Chambéry, pour une roue hydraulique établie sur la Leysse et élevant l'eau pour l'arrosement des jardins.

M. Bocquin Maurice, fabricant de tulle à Lyon, pour un semoir articulé.

MM. Coudor et Poutaux, constructeurs de machines agricoles à Gemeaux (Côte-d'Or), pour un hache-paille et un coupe-racines.

Médailles de bronze. — M. Jules Richard, propriétaire au Montolier, par Meximieux (Ain), pour une charrue sous-sol et deux autres charrues.

M. Anthelme Vallet, propriétaire à Attignat Oncin, près les Echelles, pour une machine à battre, avec manége, système Pinet.

M. Bovagnet Pierre, propriétaire à Attignat-Oncin près les Echelles, pour une machine à battre, avec manége, système Pinet.

M. Henri Girié, entrepreneur de serrurerie, rue d'Alger à Lyon, pour une charpente de serre en fer.

M. A. Loiseau, mécanicien à Bourg (Ain), pour sa collection de trois pompes à incendie, modèle du corps des sapeurs-pompiers de Paris, et pour une pompe à purin.

M. Michel Carcet, avocat à Chambéry, pour un rouleau arrosoir inventé par lui.

M. Jean Leyris, éducateur au Bourget, pour une machine à couper les feuilles de mûriers.

MM. Leborgne et fils, maîtres de forges à la Rochette, assortiment d'outils d'agriculture de leur fabrication.

Mentions honorables. — M. Charles Sylvoz, propriétaire à Saint-Jeoire près Chambéry, pour une collection d'outils et machines construits à Grignon.

M. Alexis Vaudey, négociant à Chambéry, pour un moulin à bras, système Bouchon, et une barate Bernier.

M. Duc, propriétaire à Méry, pour une machine à colonne d'eau à appliquer comme moteur.

M. Jean Truffet, fabricant à Rumilly, pour une charrue courante sans avant-train.

M. Théophile Viard, négociant à Albertville, pour une machine à préparer les faux.

M. Christophe Burgat, taillandier à Varrens-Harvey, canton de Grésy, pour deux herses perfectionnées.

M. Mazoudier, capitaine au 54e régiment, inventeur d'une brouette de jardin et brouette des champs à deux roues, à caisse mobile, transportant le double des brouettes ordinaires et pouvant servir au transport des matières liquides.

QUATRIÈME DIVISION.

Economie rurale.

Terres, étables et engrais.

Aux cultivateurs qui auront donné les soins les plus intelligents à la culture des terres, à la tenue des étables, à la préparation et à la conservation des fumiers.

1er prix. — M. Henri Ract, propriétaire à Montmeillerat.

2e prix. — M. Michel Montagnole, propriétaire au Montcel près d'Aix.

3e prix. — M. Magnin, propriétaire à Rumilly.

Mentions honorables : M. Berthet Jean-François, de Sainte-Hélène du Lac, à la Châtel.

M. Chappelle, fermier de M. le comte de Boigne, à Verel de Montbel.

M. Jean Girard, propriétaire à l'Eluiset (Haute-Savoie).
M. le comte de Villette, déjà nommé.
M. Jean Dunand, propriétaire à Pringy, près d'Annecy.
M. Joseph Lacour, propriétaire au Pont-Beauvoisin.

PRIX SPÉCIAUX

*En dehors du programme, affectés à une seule des trois
catégories terres, étables et engrais.*

Médailles de bronze. — **M. de Marcley,** propriétaire à
Saint-Jorioz (Haute-Savoie), pour avoir défriché 22 hectares
de broussailles qu'il a converties en riches prairies de sain-
foin.

M. Lanfrey, déjà cité, pour avoir défriché 80 hectares
de marais qui sont aujourd'hui en pleine culture de betteraves et de froment.

M. Gaspard, maire de Saint-Arve (Maurienne), comme
président de la société d'atterrissement de cette commune,
qui a défriché 8 hectares de terrain, aujourd'hui couverts de
moisson, qui ont remplacé les épines et les ronces, et a atter-
ri 24 hectares de grèves de l'Arc, aujourd'hui couverts de
blaches et prêts à être livrés à la charrue.

M. le marquis Léon Costa de Beauregard, déjà cité, pour
la bonne tenue et la propreté alliée à l'élégance de ses vastes étables à son château de la Motte, et surtout pour le système qu'il a adopté pour la conservation des fumiers. Ce
système, aussi simple qu'ingénieux, peut être à la portée
de toutes les bourses.

Mention honorable. — M. Claude Guiguet, propriétaire
cultivateur à Saint-Thibaud de Couz, qui a métamorphosé
50 ares de pierres et rocs en terre labourable.

Domestiques de ferme.

A ceux qui, par leur intelligence et leur conduite, auront mérité
une distinction spéciale. À mérite égal, on tiendra compte de la
durée des services.

Le premier prix porté au programme consiste en une
médaille de bronze et 40 fr. La commission a demandé

7

au jury, qui l'a accordé, un prix d'honneur spécial, soit une médaille d'argent et quatre-vingts francs, pour Claude Cagnon, domestique de ferme chez M. Pierre Collomb, à Cessens, commune d'Albens.

PRIX PORTÉS AU PROGRAMME.

1er prix. — Jean-Claude Bontron, âgé de 67 ans, valet de ferme a Cessens, dans la famille Janin, depuis 57 ans.

2e prix. — Claude Guillermin, dit Gabriel, âgé de 72 ans, chez la famille Lacour, au Pont-Beauvoisin, depuis 40 ans.

3e prix. — Péronne Delorme, domestique chez M. Jean Miguet, à Saint Jean de la Porte, depuis 35 ans.

Mentions honorables. — 1° Martin Perret, de Bourgneuf, valet chez M. Jean-Claude Pepin, de la même commune, 26 ans de bons et loyaux services.

2° Joseph Tardy, de Puisgros, valet chez M. François Lombard, à Ugine, depuis 32 ans.

3° Annette Tirard, de Saint-Pierre de Genebroz, servante chez Mme Marie Bonier, veuve Millioz, aux Echelles, depuis 19 ans.

EXPOSITION ANNEXE.

A l'imitation des concours régionaux ou universels qui ont eu lieu soit à Paris, soit dans les autres départements, la commission du programme a fait appel aux producteurs des diverses localités conviées à ce concours. Le nombre des primes accordées, malgré toute la réserve possible, aux exposants de cette intéressante partie de l'œuvre, prouve assez la variété et l'importance des produits exposés.

PRODUITS AGRICOLES ET INDUSTRIELS.

Vins des départements annexés.

1er prix. — Médailles de vermeil. — M. le baron d'Alexandry, maire de Chambéry, vins noirs et blancs de son domaine de Montchabaud.

M. Fleury Lacoste, collection de vins de 1825 à 1859.

Médailles d'argent. — M. le docteur Louis Domenget, médecin à Chambéry, exposition de vins de Challes, de Monterminod, de Montmélian et autres de l'arrondissement de Chambéry.

M. Joseph Jorioz, notaire à Aigueblanche, exposition de vins de la localité, masse de *Content*.

Médailles de bronze. — M. le baron Fraucisque Dubourget, vins de Montmélian, de 1849, vignes de la Générale.

M. Cudras Bonnefoy, de Saint-Jean de Belleville, vins de Lachat et de Grand Cœur (Tarentaise).

M. Revel, médecin à Chambéry, vins blancs et rouges des tours de Chignin, de 1837 à 1858, qualités très-supérieures, provenant de cépages tirés de Chypre, et se conservant plus de trente ans.

M. Christin, curé à Saint-Pierre de Belleville, vins de Maurienne.

Mentions honorables. — M. Berthet de Sainte-Hélène du Lac, vins de sa localité, de 1849 à 1859.

M. François Dijoud, propriétaire à la Rochette, vins rouges dits Côte Rouge, et blancs de 1848 à 1859, plan Champagne-Vougeau.

M. Louis Dolin, liquoriste à Chambéry, vins blancs dits de Saint-Pérey mousseux.

M. Joseph Liaudy, négociant à la Rochette, vins blancs rosés de Côte-Rouge, canton de la Rochette.

M. Jean Perrier, propriétaire à Saint Jean de la Porte, vins de cette localité.

Vins des autres départements français.

Médaille de vermeil. — MM. Georges frères, négociants à Chigny près Beaune, vins rouges et blancs de Bourgogne.

Médailles d'argent. — M. Antoine Charbonnel, pharmacien à la Côte-Saint-André (Isère), vins de qualités diverses.

MM. Genot frères, négociants en vins à Lons-le-Saulnier (Jura), vins blancs mousseux dits de Champagne, etc.

BOISSONS FERMENTÉES.

Bières.

Mention honorable. — MM. Pontbichet et compagnie, fabricants de bières blanches et brunes, à Mâcon.

Vinaigres.

Médaille d'argent. — M. Jean Pâquet, vinaigrier à Chambéry, pour ses vinaigres blancs et autres, ainsi que pour l'importance et l'ancienneté de sa maison.

Médaille de bronze. — MM. Bourdis et Tolosan, vinaigriers à Pontcharra, vinaigres de vins blancs et rouges.

Mentions honorables. — MM. Sébastien Tampion et Gaudon neveu, vinaigriers à Albertville, pour leur exposition de vinaigres, de vin et de cidre.

M. Philippe Bovagnet, fabricant de vinaigre à Chambéry, vinaigre de sa fabrication.

Liqueurs diverses.

Médailles de vermeil. — M. Ferdinand Dolin, fabricant de liqueurs, vermout dit de Chambéry, et liqueurs diverses.

Médailles d'argent. — MM. Hugonod, Chambard et compagnie, liquoristes à Bourg (département de l'Ain), pour leur exposition de liqueurs assorties.

M. Henri Ract, propriétaire à Montmeilleral, produits de sa distillerie, alcools de grains, etc.

Mention honorable. — M. Georges de Saint-Quentin, agronome à Aix-les-Bains, alcool, sirop, confiture et autres produits extraits du sorgho, plante dont il a le premier introduit la culture dans le pays.

Confiserie, fruits conservés.

Mentions honorables. — M. Alexandre Chambre, confiseur à Chambéry, assortiment de produits confits, compôte verte, etc., de sa fabrication.

M. le baron Tancrède Dunoyer, de Chambéry, pour ses châtaignes conservées,

Savons.

Médaille de bronze. — MM. Edouard Bégos et compagnie, fabricants de savons à Cognin près Chambéry, pour leur exposition de savons de diverses qualités et couleurs, et diverses matières premières.

Eclairage.

Médaille d'argent. — M. Paul Canet, entrepreneur d'éclairage à Chambéry, pour sa fabrication d'hydrogène liquide, huile de schiste, appareils perfectionnés, etc.

Parfumerie.

Mention honorable. — M. Portiglia, coiffeur et parfumeur à Chambéry, pour son vinaigre de toilette.

Fabrique de couvertures.

Médaille de vermeil. — MM. Chappelle et Chapuis, fabricants à Cognin, pour leur couvertures, cabans, habillements de paysans, etc. Bonnes qualités, bon marché.

Fabrique d'objets en cuivre.

Chandeliers, robinets, pompes pour arrosage, etc.

Médaille d'argent. — M. Joseph Gentil, fondeur à Chambéry.

Fabrique de crayons.

Médaille de bronze. — M. Muraz, de Sallanches, pour les crayons de sa fabrique.

Mines, chaux, combustibles, minerais et produits relatifs.

Médailles de bronze. — MM. Domingo et compagnie, propriétaires de mines à Aiguebelle, pour leur exposition de schelik de table et de caisson, de cuivres et plombs argentifères, de la concession de Mongellafrey.

MM. Pelletier et compagnie, pour leur exposition d'anthracites et pour encourager l'exploitation de ce produit, comme charbon de forge, etc., dirigée par M. Sébastien Ranchon.

M. Jean Maurice Rey, d'Aime en Tarentaise, mines de fer oligiste et hydraté, de la commune de Montgicods près Moûtiers.

MM. Trouillet et compagnie, fabrique de drains, tuiles, cheminées, statues, etc., à la Boisse près Chambéry.

M. Bedel cadet, fabricant à Bourg, produits en terre réfractaire, ne communiquant aucun mauvais goût aux aliments.

Mentions honorables. — M. Charles-Félix Juillard, à St-Michel (Maurienne), exploitation d'anthracite, de gypse et d'ardoises.

MM. Jannoly et Thabuis, à Moûtiers, exploitation de gypse, moulins et fours à anthracite.

M. le comte d'Arloz, propriétaire au château de Grammont près Culoz (Ain), exposition de tourbes naturelles et moulées, briques, tuiles et soie.

M Joseph Guigue, fermier à Sonnaz, lignite, de la localité.

M. Reynat, de Saint-Michel.

A l'exploitation des mines de houille du Vouavre près Taninges, dirigées par M. Auguste Lejeune, ingénieur.

MM. Roche et Thabuis, à Moûtiers, anthracite de Tarentaise, employée à l'alimentation des salines de Moûtiers, à la cuite des gypses et de la chaux.

Exploitation d'ardoises.

Médailles de bronze. — MM. Didier Gaspard et compagnie, de la Chambre.

M. Arvin Berod, fabricant d'ardoises à Mégève, pour ses ardoises des carrières du mont du Villard.

M. Bonnefoi-Cudraz, propriétaire à St-Jean de Belleville.

Mention honorable. — M. Compagnon, d'Aigueblanche.

Les propriétaires exploitant les carrières de Cevins ont présenté plusieurs de leurs produits; mais, étant arrivés après les délais fixés pour le concours, le jury n'a pu les admettre à concourir. Sans cette circonstance, cette qualité d'ardoises, si renommée, eût sans doute remporté un premier prix.

Fabrique de tuiles, drains et poterie.

Médailles de bronze. — M. Jean Dunand, de Pringy près d'Annecy.

Fabrication d'acide tannique et autres mordants pour la soie.

Médaille de bronze. — M. Girod Jean Marie, d'Aiguebelle.

M. Fontaine Tranchant, avocat à Albertville, qui a aussi exposé des briques diverses.

Mention honorable. — M. Thiabaud, d'Arvillard, comme encouragement et pour les échantillons par lui produits.

Fabrique de cuirs et veaux vernis.

Médaille de vermeil. — Mme Reymondon veuve et Fils, fabricants à Chambéry, pour leur importante fabrication, occupant 80 ouvriers environ, et spécialement pour leur exposition de veaux cirés, dont ils font une considérable exportation.

Ganterie.

Médailles de bronze — MM. Roche et Paradis, fabricants de gants à Chambéry.

M. Sorbon, fabricant de gants à Chambéry.

Fabrique de fourneaux de cuisine, de cheminées, etc.

Médaille d'argent. — MM. Ruffier frères, fabricants poêliers à Chambéry.

Médaille de bronze. — M. Jean Maloz, ouvrier chez M. Mermet cadet, fabricant à Chambéry, pour son exposition de fourneaux de cuivre, double système, cheminées à coke perfectionnées, etc.

Fabrique d'écorces par machine mue par l'eau.

Médaille de bronze. — M. Moneghetti, fabricant et chocolatier à Chambéry, écorces broyées.

Objets en caoutchouc.

(Fabrication et importation.)

Médaille de bronze. — M. Hyacinthe Perrollet, fabricant d'objets en caoutchouc à Chambéry, manteaux, objets de voyage, etc., à l'instar des fabriques de Paris.

Filature de soie.

Médaille d'argent. — M. Maurice Rey, propriétaire à la Rochette.

Education de vers à soie.

Mentions honorables. — Mme veuve Girod née Rivolin, de Chambéry, pour ses cocons exposés.

M. Jean Leyris, éducateur au Bourget.

M. Etienne Vachet, d'Alberville, pour ses cocons exposés.

Fabrique de sommiers élastiques, meubles en fer, literie et autres objets en fer.

Médailles de bronze. — M. Jeantin, serrurier et fabricant à Chambéry.

M. Viard Théophile, fabricant à Albertville, lits en fer, sommiers élastiques, etc.

Papeterie.

Médaille de bronze. — M. Devilaine, de Vinay (Isère), pour ses cartons en bois de sapin.

Objets de patience.

Mention honorable. — M. Joseph Paquellet, propriétaire à Aiguebelle.

Coutellerie.

Mention honorable. — M. Rosset, coutelier à Chambéry, pour sa *flamme* perfectionnée et divers objets de coutellerie.

Fabrique de cordes.

Mention honorable. — M. Besson, de Lille, cordier à Chambéry, cordes perfectionnées.

Apiculture.

Médaille d'argent. — M. Jean Baudet, apiculteur à Lyon, exposition de ruches perfectionnées, publications et instruments d'apiculture.

Médailles de bronze. — MM. Bonnet, avocat à Longefoy, et Marjollet, notaire à Aime, pour soins intelligents d'apiculture et bons produits.

Mentions honorables. — M. Maurice Choulet, cultivateur à Césarches, près Albertville, grande exploitation de miel et de cire.

M. Hippolyte Corso, propriétaire à Sainte-Ombre près Chambéry, importation de ruches à hausses et capuchon, et instrument dit garde-tête, destiné à alléger le transport des fardeaux sur la tête.

M. Christin, curé à St-Pierre de Belleville, soins intelligents donnés aux abeilles, et exposition de miels vierges.

M. Germain Pont, curé à St-Jean (arrondissement de Moûtiers), miel vierge.

Céréales.

Médailles de bronze. — M. Mottard, docteur-médecin à St-Jean de Maurienne, beaux échantillons de blés de différentes provenances (35 variétés), et de ses cultures expérimentales.

M. François Saluces, propriétaire et pharmacien au Betton-Bettonnet, collection de 150 variétés de pois, fèves et haricots, des deux départements de la Savoie et de la Haute-Savoie, avec leurs véritables noms (tableau important et instructif pour l'histoire de ces végétaux).

Articles de voyage.

Médaille de bronze. — M. Gabert, fabricant de malles en cuir et de divers articles de voyage à Chambéry, bonne fabrication de ces articles en cuir du pays.

Fromages.

Médaille de bronze. — Décernée à la fruitière de Gévrier, créée par les soins de M. Fabien Gaillard, d'Annecy.

Mentions honorables. — M. Amédée Ancenay, propriétaire à Grand-Cœur.

M. Elise Usannaz, marchand de fromage, exposition de fromages de Joseph Vibert-Viallet et de Joseph Ambroise, de Beaufort.

Fonderie, moulages de fonte.

Médaille de vermeil. — MM. Villard et compagnie de Lyon, moulages de fonte, fonderies diverses, objets religieux, vases, groupes de statues en fonte, décors de pièces d'eau et de jardin, etc. Fabrication importante et remarquable pour la solidité, la beauté et l'élégance de ses produits.

Articles en fonte.

Médaille d'argent. — MM. Tardy frères et compagnie, maîtres de forges à Cran, pressoirs, tables en fonte, pieds de bancs de jardin. etc.

Fabrication de sabots en bois.

Mentions honorables. — M. Gaspard Baron, de Saint-Jean de Maurienne, échantillons de sabots de différentes formes.

M. Pierre Seux, de Chambéry, beaux spécimens de sabots.

Pierres à aiguiser.

Médaille de bronze. — M. Maximilien Forestier, à Annecy, fabrique de pierres à aiguiser les faulx, beaux échantillons. Avant la découverte de cette carrière, ces pierres se tiraient du Tyrol.

Exportation de racines.

Médaille de bronze. — M. Joseph Liaudy, négociant à la Rochette, grande exportation de racines de gentiane, ellébore, lichen, etc., laissant chaque année d'assez fortes sommes d'argent aux paysans de l'endroit, employés pendant l'hiver à l'extraction et à la cueille de ces végétaux.

Commerce de laine.

Mention honorable. — M. Joseph Mareschal, à St-Pierre d'Albigny, commerce de laines lavées, recommandables par leur netteté et leur *escotage*, et servant à la fabrication de drap et autres étoffes.

Meubles en noyer.

Médaille de bronze. — M. Antoine Bataillard, menuisier en fauteuils, à Chambéry.

Fabrique de courroies de nouvelle invention.

Mention honorable. — M Lapoze, fabricant d'horlogerie à Pont-de-Veaux (Ain).

Sculpture, gravure, objets en fer, en bois, etc.

Mentions honorables. — M. François Crochon, sculpteur à Chambéry, groupe en ciment romain (descente de croix), deux statues en bois (la Vierge et saint Joseph), console-toilette, etc.

M. Louis Rubin, graveur à Chambéry, spécimens de gravures, lettres de toutes espèces, aigles impériales et autres armoiries.

M. Burgat, ouvrier taillandier, à Verrens-Arvey (canton de Grésy), perfectionnement apporté aux fers de bœuf et aux herses de son établissement.

M. Claude Lépine, fabricant de clous à Chambéry, perfectionnement dans la fabrication des chaînes en fer pour rincer les tonneaux.

M. Jacques Claveau, fabricant de treillages en bois à Chambéry, treillages en bois, genre chinois, panneaux en treillages de bois pour clôtures de jardin.

M. Guy Gentet, ouvrier chez Mme Schlibs, fabricante de poterie à Cognin, cinq grands vases en terre cuite, vernis, pour fleurs, fabriqués par l'exposant ; terres de grès à porcelaine et à poterie, de la montagne de Gerbel près la Grotte.

Fleurs artificielles.

Mme Perret veuve, fabricante de fleurs, à Chambéry, une corbeille de fleurs variées d'un naturel remarquable, et plusieurs bouquets.

En dehors des prix adjugés aux exposants mentionnés dans le tableau qui précède, bien des sujets de toutes les catégories exposées ont avantageusement fixé l'attention du jury, qui, limité à regret par les ressources de la Société et la nature de son programme, n'a pu décerner un plus grand nombre de primes.

Les médailles vont être immédiatement remises au graveur pour y inscrire les noms des personnes primées ; elles seront expédiées aux exposants, avec leurs diplômes, par voie administrative. Quant aux sommes d'argent affectées à certains prix, les ayants-droit peuvent les faire réclamer de suite au soussigné, en justifiant de leur titre au moyen de leur carte d'exposant ou autrement.

PRIX DE L'ACADÉMIE IMPÉRIALE DES SCIENCES ET DE LA CHAMBRE D'AGRICULTURE ET DE COMMERCE, DE SAVOIE.

D'après l'article 15 du programme des prix du concours agricole, l'Académie impériale des sciences, et la Chambre d'agriculture et de commerce, de Savoie, pour augmenter l'importance et l'éclat de cette solennité, décerneront aujourd'hui même le prix de 500 francs proposé en 1858 par cette chambre, pour la culture des mûriers, et les 600 francs de prime dont l'Académie dispose en vertu d'une fondation annuelle de 300 francs, due au comte Pillet-Will, pour faciliter en Savoie l'introduction des meilleurs instruments agricoles, que nous avons le plus d'intérêt à propager.

PRIX DE LA CHAMBRE DE COMMERCE.

Ce prix de 500 francs a été décerné à M. Maurice Rey, propriétaire à la Rochette.

Mentions honorables. — MM. Joseph Besson, médecin à Chambéry, Charles Sylvoz, propriétaire à Saint-Jeoire.

PRIMES DE L'ACADÉMIE.

La commission nommée à ces fins place en première ligne l'excellente charrue de M. Bella, notre compatriote, directeur de l'école impériale d'agriculture de Grignon (Seine-et-Oise) ; elle verrait avec plaisir cette charrue, qui a obtenu la médaille d'or à divers concours, supplanter bientôt et complétement les anciennes charrues du pays pour les terres en plaine et les coteaux légèrement inclinés.

En conséquence, l'Académie accorde :

Une prime de 22 francs 50 c., soit la moitié du prix coûtant, à dix-huit de ces charrues n° 1, petit modèle.

Une prime de 32 francs 50 c. à deux charrues armelin, qui coûtent 65 fr. l'une ; une prime de 40 fr. à deux hache-paille de Grignon, du prix de 80 fr. pièce ; une prime de 18 fr. à deux coupe racines de M. Vallet, serrurier mécanicien à Chambéry, vendus 36 fr. chacun.

Les personnes qui désireraient se procurer un de ces instruments à prix réduits, devront se faire inscrire chez le secrétaire soussigné, jusqu'au 15 septembre ; passé ce terme, la commission pourra porter en économie les subsides qui n'auront pas été alloués, et la répartition entre les inscrits sera faite d'après les principes suivants :

1° Les départements de Savoie et de Haute-Savoie sont seuls admis à jouir de la prime ;

2° Entre plusieurs inscrits pour un même instrument, on préférera ceux qui appartiennent à des arrondissements plus éloignés les uns des autres ;

3° Entre concurrents d'un même arrondissement, ceux dont les cantons sont plus éloignés ;

4° Entre les inscrits d'un même canton, ceux dont les communes sont plus distantes entre elles ;

Ces conditions ont pour but de faire connaître les nouveaux instruments dans un rayon aussi étendu que possible ;

5° Les cultivateurs exploitant de leurs propres mains seront préférés aux autres propriétaires et amateurs,

6° A égalité de titre, la préférence sera réglée par ordre de la date des demandes.

Par cette combinaison, l'Académie a espéré faire arriver les nouveaux instruments de culture aux mains des agronomes, qui, disposés à débourser une partie du prix, pourraient ainsi mieux les apprécier et les faire peu à peu connaître de leurs voisins plus défiants. De cette manière encore, l'Académie fait profiter un plus grand nombre du faible subside dont elle dispose.

Si cet appel est entendu, comme cela n'est pas douteux, ce corps savant s'empressera de le réaliser chaque année en s'éclairant de l'expérience de nos meilleurs praticiens (1).

Chambéry, le 18 août 1860.

Le secrétaire de la Société centrale d'agriculture du département de la Savoie, membre du jury,

J^h BONJEAN.

---

(1) Le nombre des demandes adressées en temps opportun a dépassé le nombre des instruments offerts.

RAPPORTS DES COMMISSIONS.

Rapports de la section chargée de l'examen de la race bovine.

(M. le comte Marin, rapporteur).

La commission chargée de l'examen de la race bovine a eu à constater un véritable progrès dans l'espèce sur laquelle devait porter son jugement.

L'organisation ne laissait rien à désirer : chaque tête de bétail, d'une propreté et d'une tenue parfaites, occupait une stale spacieuse et commode portant son numéro d'ordre.

La commission a dû se prononcer sur un choix de 135 animaux classés en taureaux du pays, taureaux étrangers, vaches laitières et génisses. Ce nombre, très élevé relativement à celui des concours régionaux des grands centres français, qui comprennent dix départements, prouve que l'importance de cette solennité agricole avait été comprise par les éleveurs et les propriétaires du département.

Les pays voisins, quoique parfaitement représentés, n'ont cependant pas offert au public cette variété de races que l'on remarquait au magnifique concours de Bourg. Les animaux d'Ayr, de la Suisse et de l'Auvergne, non compris les croisements, formaient à peu près les seuls types étrangers. Une chose digne de remarque, c'est que la plupart des cultivateurs de la Savoie montrent toujours une préférence marquée pour la race d'Auvergne, connue dans le pays sous le nom de race française. Depuis longtemps, en effet, nous sommes habitués à ces animaux, et nous choisissons nos producteurs parmi eux. Nos magnifiques taureaux, qui

nous donnent ces excellents bœufs appelés dans le pays
bœufs français, nous viennent tous de là. Aussi, ne considère-
t-on pas, pour ainsi dire, cette race comme étrangère. Cela
ne prouve-t-il pas qu'il faudrait spécialement l'adapter dans
les cantons les moins montueux du département, surtout si
l'on considère ses avantages incontestables? Ces animaux,
tout en offrant à l'œil l'aspect des formes les plus agréables,
donnent en même temps la force pour le travail, le lait et la
viande. Peu de races peuvent offrir ces qualités à mérite
égal. Ne faut-il pas aussi faire la part de l'habitude et du
goût que l'on a pour ce genre de bétail? En général, un
cultivateur de la Savoie comprendra les beautés relatives
d'une bête d'Auvergne ou du Charolais, et appréciera peu
celles d'une bête d'Ayr. Nous devons donc encourager cette
préférence, puisqu'elle est méritée, et nous ne doutons
point que le gouvernement ne favorise l'élève de ce genre, en répandant dans les communes où ils seront deman-
dés des reproducteurs bien choisis.

La seule race du pays, représentée au concours, dont le
caractère soit parfaitement défini, est celle de Tarentaise. Ce
genre de bétail, très-estimé, qui rappelle exactement la petite espèce de Schwytz, est très-joli et très-bon. Il mérite
également toute l'attention du gouvernement pour pouvoir
développer son entier perfectionnement dans les cantons où
on l'élève déjà.

Les vaches étrangères suisses et d'Ayr, malgré de fort
beaux sujets admis au concours, ont été peu appréciées. Les
premières, d'après les essais de nos éleveurs, ne répondent
point assez à la dépense qu'elles occasionnent, surtout pour
le petit propriétaire, à cause de la quantité et de la qualité
de fourrages qu'il faut pour obtenir le lait et la viande ; les
secondes, à raison de leur petite taille, offrent peu de ressources pour la boucherie, inconvénient qui ne pourrait
être compensé que par l'abondance de lait que leur accorde
leur réputation, mais que l'expérience ne nous a point encore fait connaître chez nous. En effet, les vaches qui ont
obtenu la prime comme laitières, ne sont point étrangères.
Toutes, soit d'origine suisse ou savoyarde, appartiennent
plus qu'à toute autre, par les croisements, à cette race fran-

çaise que nous avons citée en parlant des taureaux reproducteurs que nous choisissons toujours de préférence.

Nous le répétons, si le gouvernement, auquel nous appartenons aujourd'hui, qui s'occupe avec tant d'intelligence et de sollicitude du progrès agricole et du bien-être général, a l'intention d'améliorer en Savoie la race bovine, base certaine d'une bonne agriculture, nous n'hésitons pas à le dire, c'est cette dernière race que l'on verra, avec plus de faveur, introduire définitivement dans nos cantons de plaines et de coteaux, jusqu'à ce que l'expérience ait démontré qu'une autre espèce est préférable, en s'adaptant mieux aux exigences de nos cultivateurs.

La commission a pu constater parmi les animaux de cette catégorie, des taureaux et surtout des vaches laitières d'un mérite incontestable, mais qui ne peuvent être mentionnés, ne remplissant pas les conditions du programme. Elle doit cependant signaler la vache inscrite sous le n° 43, appartenant à M. Gotheland Joseph, propriétaire à la Ravoire, qui méritait le premier prix, sans une imperfection grave à la tétine, qui l'a fait mettre hors de concours.

(Suivent les propositions de la commission pour les primes à décerner).

Rapports de la section chargée de l'examen des races ovine, porcine, et de basse-cour.

RACE OVINE.

(M. Carlin Pierre-François, rapporteur.)

La commission a remarqué quelques beaux sujets appartenant à l'espèce mérinos, qui mérite d'être encouragée par la beauté de sa laine, la qualité de sa chair, et sa facilité à vivre dans les montagnes les moins productives de la Savoie, où elle pâture en nombreux troupeaux pendant une partie de l'année.

(Suivent les propositions de primes.)

RACE PORCINE.

(M. Nicoud Jean-Baptiste, rapporteur.)

Les divers sujets soumis à notre, examen ont démontré que la race dite indigène n'était presque pas représentée au concours. Un seul exposant, M. Garbolino Jean-Pierre, a exposé quatre porcs gras, qu'il a désignés comme race du Piémont. En conséquence, la commission a considéré comme de race étrangère tous les sujets exposés, en s'attachant de préférence à rémunérer l'éleveur qui, par ses soins, a cherché à introduire, à acclimater des races nouvelles.

(Suivent les propositions de primes).

ANIMAUX DE BASSE-COUR.

(M. Gojon Henri, rapporteur.)

La commission croit devoir exprimer ses regrets de n'avoir pas eu à comparer entre elles et à juger des poules de Savoie. Un seul exposant s'est risqué à produire des poules de ce pays, et encore n'a-t-il fait qu'un choix médiocre. Ce dédain sera inexplicable pour ceux qui connaissent les poules de St-Genix et de Boëge. Ce n'est pas en introduisant au hasard les races monstrueuses des Indes, de la Chine ou de l'Angleterre, que nos éleveurs amélioreront notre race ; ils n'obtiendront de résultats sérieux que par un bon choix des sujets reproducteurs et par des soins.

La commission regrette aussi que plusieurs exposants qui s'étaient fait inscrire n'aient pas cru devoir amener les animaux promis.

Se renfermant dans les termes du programme, qui accorde deux primes aux plus belles collections d'animaux de basse-cour, la commission juge que le premier prix doit être décerné au lot inscrit sous le n° 188, sans examiner si le propriétaire de ce lot a eu raison de choisir parmi les races étrangères, la race bramha-poutra pour la croiser avec la race du pays ; la commission n'a tenu compte que de l'ensemble de cette collection. C'est en s'appuyant sur les mêmes motifs qu'elle croit devoir décerner le 2ᵉ prix au lot inscrit sous le nᵒ 177, dont elle a particulièrement remarqué les canards normands qui figurent dans cette collection.

RACE CHEVALINE.

(M. Gojon Henri, rapporteur.)

La commission d'examen de cette section, tout en rendant justice aux qualités *rares* de la jument anglaise inscrite sous le nᵒ 148, appartenant à M. le comte Raoul Costa de Beauregard, propriétaire à la Ravoire, ne peut lui décerner le premier prix, sa qualité d'étrangère plaçant cette bête *hors concours*; mais elle propose d'accorder une *mention honorable spéciale* à cette belle poulinière.

Ce serait peut-être ici le cas de se demander si l'élevage du cheval de luxe est bien l'élevage qui convient à nos départements de Savoie; mais aucune tentative sérieuse n'ayant été faite jusqu'à présent dans ce sens, il n'y a pas urgence à prémunir les éleveurs contre les périls d'un élevage coûteux et difficile. Il serait cependant très-intéressant de voir quelques propriétaires qui seraient riches, assez curieux pour tenter des essais de ce côté-là, et qui, sans chercher précisément à élever des chevaux *pur-sang*, créeraient au moins, par le prodédé du *croisement* ou par le procédé moins prompt mais plus sûr de la *sélection*, un cheval *savoyard*, élégant et fort, pouvant être destiné à laselle ou au cabriolet.

La commission regrette que le nombre des concurrents ne lui ait pas permis d'être plus difficile dans son choix. Les juments primées témoignent bien de quelques soins de la part de leurs propriétaires, mais elles sont loin de répondre à ce qu'on peut demander à notre pays en chevaux de travail.

Quelques unes de nos plaines pourraient facilement produire une race de chevaux de bonne taille, ayant des membres forts sans *empâtement* (1), et présentant un *type* à peu

(1) C'est en général le défaut des chevaux élevés chez nos cultivateurs de Savoie.

près constant. Nos montagnes n'ont-elles pas aussi bien que celles de l'Auvergne et des Pyrénées, le droit de donner une race plus petite, mais vive, patiente, robuste, intelligente, sobre et parfaitement adaptée aux exigences des localités montagnardes?

Quant aux mules et mulets, il y a eu des animaux assez remarquables ; cependant, il faut encore regretter que nos éleveurs n'aient pas montré plus d'empressement pour concourir. Il leur eût été si facile d'exposer de beaux et nombreux produits, car l'élève du mulet se fait avec beaucoup de soins et d'intelligence dans certaines parties de la Savoie. Cette abstention doit être sans doute attribuée au peu de valeur relative des prix proposés pour cette catégorie d'animaux si utiles dans nos montagnes.

(*Suivent les prix proposés.*)

Céréales et plantes fourragères.

(M. Michel Carcet, avocat, rapporteur.)

1° Céréales.

La main-d'œuvre et les frais de la semaille des céréales en ligne et par poquet, exigent à la fois plus de temps et de dépense que par le système ordinaire. En primant exclusivement ce mode de cultiver, la Société centrale d'agriculture n'a donc pu l'encourager que comme devant présenter une supériorité de résultats bien marquée sur les autres méthodes, autrement la seule économie de semence ne suffirait évidemment point à lui assurer une préférence exclusive. Or, la commission, malgré son bon vouloir, n'a pu signaler chez les concurrents que des récoltes très ordinaires et généralement inférieures en quantité à celle semée à la volée dans les terrains et les localités absolument semblables ; tout en louant leurs efforts, elle ne croit pas, en conséquence, devoir encourager ce mode de culture dans leurs personnes, sinon que par une mention honorable.

La commission tient cependant à constater ici, qu'avec plus de soin et d'intelligence, M. Fleury Locoste a pu obtenir ainsi des céréales qui présentent la plus belle apparence, et que, chez M Lanfrey, aux Grand-Villette, celles simplement en ligne, tracées par le semoir Perrin, ne laissent rien à désirer. — M. Lacoste, du reste, ne s'est pas seulement distingué par ses céréales, toutes ses autres récoltes, soit en graminées, soit en légumineuses, soit en vins, sont admirables.

2° FOURRAGES.

Sorgho.

L'observation qui vient d'être faite au sujet de céréales en ligne et par poquet, est parfaitement applicable au sorgho. Ses frais de culture sont plus considérables que ceux du maïs. Il végète d'abord assez mal, et ne donne des produits avantageux sous notre latitude que dans les années de chaleur exceptionnelles. Il a, du reste, l'inconvénient d'occuper la terre toute l'année, et de ne jamais venir en récolte dérobée. Si, à ce désavantage, il a celui de se faire trop attendre, il ne doit être cultivé qu'avec circonspection, comme plante fourragère, et c'est précisément ce qui a été observé chez les propriétaires qui se sont mis sur les rangs pour concourir. En effet, tandis que le sorgho rasait encore le sol, le maïs de bœuf avait atteint toute sa hauteur, et, dans le même champ, celui-là n'avait qu'une apparence chétive, celui-ci, une végétation luxuriante. La commission ne croit donc pas devoir proposer une prime à cette culture comme plante fourragère, ou tout au moins, elle déclare n'avoir reconnu aucune récolte de sorgho qui puisse être encouragée.

Luzerne.

Ici le spectacle change. Les concurrents, au nombre de douze, ont bien compris que la luzerne était la richesse de la ferme, la plante fourragère par excellence. — Aussi, presque partout, la commission a pu constater des récoltes généralement soignées, les terrains bien minés, bien défoncés, bien sarclés ; mais nulle part elle n'a trouvé des récoltes plus belles et sur une étendue plus considérable, que chez M. Girod-Montfalcon. M. Bontron a également une belle luzernière à Chanaz; viennent ensuite celles de MM. J.-J. Gaillard, avocat, Baron Anglays, et Maréchal, conseiller, qui, toutes, méritent des mentions spéciales.

Betteraves.

De même que la luzerne, la betterave exige un terrain bien défoncé et bien préparé, et, comme elle, elle fournit une nourriture précieuse, destinée à remplacer les fourrages verts, quand vient la saison morte. Dans la loi du progrès agricole, la betterave ne pouvait donc rester en arrière de sa sœur. La commission croit devoir faire remarquer à cet égard que cette culture est généralement mieux soignée dans le département de la Haute-Savoie, mais mieux comprise dans le nôtre. — Chez nous, il y a plus d'art, les plantes sont espacées plus convenablement, les qualités mieux choisies, mieux appropriées au sol. On ne peut cependant que donner des éloges à M. Amblet d'Albigny, pour le soin tout particulier qu'il donne à cette culture. Ses betteraves, arrosées avec du purin, sont fort belles, et la commission n'a rien vu de mieux que chez M. le comte de Chambost, à Bassens. On ne peut non plus sans injustice, passer sous silence la culture de MM. Berlioz, du Pont Beauvoisin, Lanfrey, aux Grand-Villette, et en particulier celle de MM. Coddet, pépiniéristes, qui réunissent avec succès dans leur jardin du faubourg Montmélian les vingt-quatre plus belles variétés de betteraves.

(Suivent les propositions de prix à décerner.)

Viticulture.

La viticulture compte dix concurrents, et offre de notables progrès acquis depuis quelques années. Parmi ces candidats aux prix proposés, la commission en a surtout distingué quatre d'un mérite réel, donnant de justes éloges à ceux à qui elle ne peut accorder de primes cette année.

1° M. MOLL HENRI, PROPRIÉTAIRE A FAVERGES.

(M. Veyrat François, de Grésy, rapporteur.)

M. Moll cultive 160 ares de vigne en terrasse, tenue et établie à l'instar de celles du canton de Vaud. Il a suivi le système suisse pour la plantation, l'échalassage, l'épamprage et le pincement continu ; il diffère de ce mode en cela seulement qu'il taille sur deux boutons au lieu de le faire sur un seul, à cause des variations atmosphériques continuelles que la vigne est obligée de supporter au printemps à Faverges.

Cet établissement splendide a dû coûter d'énormes sacrifices de peines et d'argent, et cependant M. Moll est amplement dédommagé par les résultats obtenus, car ces vignes n'étaient primitivement que broussailles, ravins et vieux cépages de nul produit.

L'exposant a essayé environ cent cinquante variétés de cépages. Il est résulté des nombreuses observations qu'il a faites que les plans les plus favorables à la culture dans notre pays, soit pour la quantité, soit pour la qualité, sont principalement : le pinau de Clos Vougeau, le persan de Maurienne, et le gamai (gros de Bourgogne) pour les vins rouges ; les plants suisses d'Yvorne et de Lavaux pour les bons vins blancs ordinaires, et le pineau blanc pour vins fins.

Voici une épreuve faite par cet intelligent agronome le 27 septembre 1857, au gleucoénomètre, pour la densité des moûts, toutes conditions égales d'ailleurs.

	Degrés.		Degrés.
Mondeuse	8 1/2	Pineau noir	12
Persan	12	Pineau blanc	11
Gamai rouge	10	Pineau gris	12

M. Moll a singulièrement augmenté la qualité des vins de Faverges, et par la viticulture et par la vinification ; son exemple a été d'une utile influence pour le pays qu'il habite. Il a eu à soutenir de rudes assauts contre l'esprit de routine, et a fini, grâce à la constance de ses efforts et à son aptitude exceptionnelle, par triompher de tout. C'est la condition

primitive où il se trouvait de faire de mauvais vin, dit-il lui-
même, qui l'a amené à en faire de bon Nous ne croyons
pas trop nous aventurer en disant que personne en Savoie
n'a encore poussé aussi loin que lui l'art de la viticulture et
l'œnologie ; il est à regretter que la concision d'un rapport
ne permette pas d'entrer dans de plus longs détails à ce sujet.

Voici les prix (pour un hectolitre) auxquels M. Moll a
vendu ses vins pendant 5 années consécutives :

1853	mondeuse	32 fr.	Bourguignon	60 fr.
1854		45 »		90 »
1855		40 »		80 »
1856		45 »		70 »
1857		55 »		75 »

La commission, considérant la position tout exceptionnelle
que s'est faite M. Moll dans cette branche de l'agriculture,
sans contredit la plus importante du département de la Savoie, considérant que la récompense allouée par le programme n'est pas suffisante, propose au jury (adopté) d'accorder un prix d'honneur spécial à cet exposant hors ligne.

2° M. REY CHARLES, PROPRIÉTAIRE A MONTMÉLIAN.

(M. Joseph-Claude Rey, rapporteur.)

La commission nommée pour la viticulture s'est rendue
le 9 août dans le vignoble de Montmélian pour visiter divers
lots de vignes que M. Rey Charles y cultive lui-même, depuis vingt ans, par ses domestiques et ses ouvriers. Ces lots
de vignes forment une contenance totale de plus de 4 hectares (soit 15 journaux.)

En entrant dans ces vignes, la commission a de suite reconnu combien leur culture est mieux soignée que celles
environnantes, et il serait difficile de refuser à ce viticul-
teur actif et intelligent le juste tribut d'éloges qu'il mérite.
En parcourant attentivement les vignes de M. Rey, on
trouve partout le sol en parfait état de propreté, les ceps
bien relevés, liés et échalassés, les clairières remplacées par
des plantations de barbus très-forts et de plusieurs années,
et enfin les ceps garnis de beaux et nombreux raisins.

M. Rey, dont les vignes sont, en divers endroits, placées sur une pente rapide, n'a pas craint, pour assurer plus de durée aux résultats de ses travaux, de construire plusieurs murs de soutènement. Ajoutons que la commission a pu d'autant mieux apprécier ces travaux viticoles, qu'elle a constamment trouvé dans les vignes limitrophes des points de comparaison, d'où ressortaient grandement l'excellente culture et la supériorité de celle de M. Rey.

Que si cependant la commission a trouvé dans le vignoble de Montmélian quelques lots de vignes assez bien tenus et présentant une jolie récolte, elle a pu s'assurer que ces produits n'étaient dus principalement qu'à la fertilité exceptionnelle du sol.

En résumé, la visite que la commission a faite dans le vignoble de Montmélian a produit en elle la conviction que les vignes de M. Rey sont assurément celles qui y sont cultivées avec le plus de soins et d'intelligence ; elle est de plus persuadée que si l'exemple qu'il donne aux viticulteurs était généralement suivi, l'on arriverait, en peu d'années, à doubler le produit de ce beau vignoble.

Successivement, M. Rey nous a engagés à aller visiter une vigne qu'il possède aux Mollettes, lieu dit au Petit-Bayard. Cette vigne, de la contenance d'un hectare et demi (soit 5 journaux), placée sur les deux versants, nord et sud, d'une petite colline, a été plantée en lignes distantes d'un mètre quarante centimètres l'une de l'autre, et conduites en manière de treilles basses (50 centimètres de hauteur) par le moyen de forts échalas et d'un seul rang de fil de fer. Cette plantation se présente sous un fort joli aspect, et surtout avec une grande abondance de raisins, espèces persans et douces-noires, et elle est dirigée par son propriétaire de la manière la plus soignée.

3° M. PYTHON VICTOR, FILS, BANQUIER A CHAMBÉRY.

(M. Verdet Etienne, propriétaire, rapporteur.)

La propriété de M. Python Victor est située à Villette, commune de la Ravoire, clos dit de Rosset. Sa vigne se compose d'environ 135 ares, soit 4 journaux 25 toises an-

cienne mesure ; elle est de création toute récente. Il existe
peu de vieux ceps ; les 4/5ᵉˢ sont tout jeunes, nous voulons
dire de 5 à 6 ans. Elle est toute plantée en quinconce, parfaitement distancée et échalassée. Des chemins très-bien
placés ont été pratiqués pour l'investiture et la dévestiture,
soit pour le travail, soit pour en sortir la récolte; par ce moyen,
aucune avarie ne peut arriver dans l'intérieur, puisque l'ouvrier y est conduit naturellement pour son travail, sans être
obligé de passer sur les ceps. Nous observons que la végétation est des plus belles, et qu'il serait difficile de trouver
une localité où il y eût moins de mauvais herbage. Enfin,
nous estimons qu'en continuant les mêmes soins encore deux
ou trois ans, cette vigne sera d'un grand rapport.

Le travail exécuté par M. Python mérite à tout égard d'ê-
tre pris en sérieuse considération; et si l'on veut en avoir
une preuve convaincante, il suffit de visiter les vignes qui
le limitent. C'est là que l'on peut juger d'un bon travail,
car l'œil se refuse d'observer ces dernières.

4° M. PILLET BENOÎT, JARDINIER A CHAMBÉRY.

(M. Verdet Etienne, rapporteur.)

M. Pillet possède au fond du champ de mars des treilles
basses-tiges sur un espace d'un hectare 50 ares de jardin.
La majeure partie de ses plantations est de qualité bourgui-
gnonne. Ensuite de renseignements recueillis tant auprès de
l'exposant que d'autres personnes, il résulte qu'avant de récolter, il fallait qu'il exécutât trois genres de taille pendant
trois années consécutives. Pour mieux nous mettre au cou-
rant de son genre de travail, M. Pillet nous a communiqué
un petit rapport de détails qu'il avait et que nous joignons à
celui-ci.

Ces vignes, treillage bas, sont de création nouvelle, nous
voulons dire de 3 à cinq ans. La récolte cette année ne leur
fera pas défaut, et nous pouvons même dire qu'elle sera
abondante; nous attribuons cette quantité au plan et surtout au genre de taille adopté par M. Pillet. Ce qui nous con-
firme dans le jugement que nous portons, c'est que sur les
anciens ceps, qui sont d'une famille différente, et qui précé-

demment ont été taillées selon l'ancienne méthode, la récolte est de beaucoup inférieure.

Nous croyons utile d'engager nos viticulteurs de visiter
les nouvelles plantations de M. Pillet, principalement au mo-
ment de la taille ; il nous a déclaré qu'il se ferait un plaisir
de donner aux visiteurs tous les renseignements désirables.

Nous finissons en concluant que si nos viticulteurs se met-
taient à suivre ce système, ils verraient leurs récoltes doubler de produits. Sous tous les rapports, M. Pillet a fait faire
un progrès à ce genre de culture.

(Suivent les propositions de prix.)

Arboriculture.

(M. Veyrat François, de Grésy, rapporteur.)

La commission constate avec satisfaction les progrès que
fait l'arboriculture en Savoie. Les plantations sont en général bien soignées et conduites d'après les procédés des maîtres modernes. Treize concurrents se sont présentés au concours ; voici les résultats de notre appréciation :

1° M. Charles Sylvoz, propriétaire à Saint-Jeoire, près de
Chambéry, cultive une plantation de 350 poiriers, composée de 80 des meilleures variétés connues aujourd'hui. Il a
donné à cette plantation une direction habile. Ses arbres
sont soumis aux formes suivantes : La colonne, la pyramide
simple, la pyramide ailée, la palmette double, la palmette
verrier, la spirale, le cordon vertical ou contre-espalier, et
le cordon horizontal pour les pommiers sur paradis.

M. Sylvoz est un habile arboriculteur ; il a pratiqué sur
ses arbres tous les genres d'opérations qui assurent la réussite, et a su donner à chaque variété la forme qui convient
le mieux à son mode de végétation.

2° La commission met sur le même rang M. Duqueux Joseph, jardinier chez M. le marquis de Costa, à la Motte-Servolex, pour une série de 400 pieds d'arbres, pêchers, poiriers, pommiers, abricotiers, conduits et traités d'après le
système de M. Lepère de Montreuil, en éventail carré,

en V simple, palmette à double tige, palmette horizontale en espalier et contre-espalier vertical.

Ces plantations sont dans un état parfait ; les arbres y sont nombreux et assortis, très-bien cultivés, d'un parfait équilibre, d'une belle végétation et couverts de fruits.

Cette culture exerce une utile influence dans les localités voisines.

3° MM. Codet père et fils, pépiniéristes à Chambéry, possèdent une belle plantation de 280 poiriers aux formes suivantes : La pyramide simple, la pyramide ailée, la palmette horizontale, le gobelet, la colonne, et le cordon horizontal pour les pommiers.

Les arbres de cette plantation sont également bien conduits et équilibrés pour la distribution régulière de la sève d'après les méthodes nouvelles. Messieurs Codet font subir à leurs arbres tous les genres d'opérations qui assurent le succès ; et quoique opérant sur un sol bas et humide, ils ont obtenu de bons résultats.

Ces arboriculteurs intelligents ont beaucoup contribué à la vulgarisation des procédés nouveaux, soit par les élèves qu'ils ont formés, soit en opérant eux-mêmes en diverses localités.

4° M. le baron Girod Monfalcon, propriétaire à Ruffieux, conduit une plantation de 150 arbres environ d'après les nouveaux principes de taille, tels que : le pincement, l'arcure, les diverses incisions pratiquées à propos. Ces arbres, qui se distinguent surtout par une végétation régulière, sont formés en cordons obliques, espaliers et candélabres ; ils ont de plus le mérite d'être conduits et élevés sous la direction d'une dame.

5° M. Benoît Pillet, jardinier à Chambéry, a créé une plantation de 80 poiriers dans le jardin des dames du Bon Pasteur. Ces arbres, primitivement élevés d'après les anciens procédés, ont été recépés et soumis à la forme en pyramide simple ; le résultat est satisfaisant, l'équilibre et la régularisation des branches ont été rétablis. Ils sont en pleine production.

6° M. Ract Henri, propriétaire à Montmeillerat, mérite également une mention pour une centaine de poiriers chargés de fruits, et soumis aux formes suivantes : espaliers à la montreuil et pyramides simples. Ces arbres sont vigoureux ; leur taille et leur conduite est mixte.

(Suivent les propositions de primes).

Floriculture.

(M. Gotheland Claude, pépiniériste, rapporteur.)

L'exposition de floriculture a été peu nombreuse, en raison de l'époque de la saison et du mauvais temps, qui n'a pas permis aux fleuristes de se préparer. Sur sept exposants, la commission a surtout remarqué les suivants :

1° Une belle collection de plantes fleuries en vases, composée de géraniums, fuchsias, pétunias, quelques lis du Japon, une collection de verveines coupées et quelques autres plantes.

2° Une belle collection de fleurs de verveines, une corbeille de fleurs montées et un très-joli bouquet, exposés par MM. Codet père et fils.

3° Un magnifique bouquet, composé de fleurs très-variées, de Mlle Joséphine Plagne, de Chambéry.

4° Trois bouquets bien assortis, de Mme Tissot Jeanne, de Chambéry.

5° Quelques plantes fleuries, une collection de verveines coupées et quelques dahlias, exposés par M. Combaz Joseph, jardinier à Chambéry.

(Suivent les propositions de prix).

Horticulture.

FRUITS ET LÉGUMES.

(M. Gotheland Claude, pépiniériste, rapporteur.)

L'exposition de fruits est assez belle pour l'époque et surtout pour la nature exceptionnelle de la saison, qui a été

très-pluvieuse. Peu de personnes, cependant, se sont pré-
sentées au concours, qui ne comptait que huit exposants,
tant pour les fruits que pour les légumes ; c'est dire assez
combien cette partie de l'agriculture est en retard chez nous,
et combien elle a besoin d'être développée, aujourd'hui que
les chemins de fer transportent nos produits en quelques
heures dans les grands centres voisins.

Parmi les fruits exposés, la commission a distingué :

1° Une belle collection de poires, prunes, pommes et raisins, appartenant à MM. Codet, de cette ville.

2° Une belle collection de poires et de raisins, exposée
par M. Charles Sylvoz.

3° Une collection de poires, abricots, pêches et pommes,
de M. Combaz Joseph.

4° Une corbeille de superbes pêches et abricots, et une
de belles poires, à M. Claude Excoffon, jardinier à Chambéry.

5° Une corbeille de poires et de raisins, exposée par
M. Ancenay Amédée, de Grand-Cœur en Tarentaise.

Pour les légumes :

1° Une magnifique exposition de 17 variétés de pommes
de terre, de M. Combaz Louis.

2° Une collection de sept variétés de ce tubercule, exposée par M. Combaz Joseph.

3° Trois variétés de superbes pommes de terre, de
M. Dolin Ferdinand, liquoriste à Chambéry.

Instruments, machines, ustensiles et appareils agricoles.

(M. Louis Thibaud, ingénieur du matériel au chemin de fer Victor-
Emmanuel, rapporteur.)

La commission place en tête des objets de cette catégorie le moulin à farine de MM. Cellière et Jallabert, nouvellement établi à grands frais à Arbin, près Montmélian.
Pour bien apprécier la nature et l'importance de cet établissement, la commission a délégué, pour le visiter, trois
de ses membres, MM. Dufour, agent-voyer chef du dépar-

tement, Revel, architecte, et Thibaud ingénieur : voici le rapport qui a été la conséquence de cette visite.

MM. Cellière et Jallabert, en créant leur usine à Arbin ont eu en vue, pour principaux avantages, de l'établir dans le village même, au bord du chemin, et près du ruisseau où ils prennent leur force motrice. Ces avantages s'accroissent encore par la proximité de la gare du chemin de fer, qui lui assure l'arrivée des matières premières et l'expédition des produits.

Le moteur des appareils de l'établissement est une roue hydraulique par-dessus, à augets, dite roue pendante, de 10 mètres de diamètre. Elle produit aisément la force de 12 à 15 chevaux, dont l'établissement a besoin pour le fonctionnement simultané de tous les appareils, et lorsque le régime de l'eau ne diminue pas sensiblement. Pendant 2 ou 3 mois de l'année, le moteur est en partie impuissant, mais il suffit toujours au travail de deux meules au moins.

Ce moulin est un moulin à l'anglaise pour la mouture à gruaux ; il se compose de 4 paires de meules en pierres de la Ferté, dont le mécanisme est réuni dans un beffroi bien installé, et construit d'après les procédés les plus nouveaux et les plus perfectionnés.

L'ensemble du moulin est parfaitement établi avec le luxe de solidité et de propreté qui sont les conditions essentielles de ce genre d'industrie.

Nous citerons, après le beffroi et les meules, le nettoyeur, système Cartier, d'où le grain sort exactement nettoyé et épuré ; les cribles et ventilateurs de nettoyage ; le rafraîchisseur ; les blutteries ; les chaînes à godets ; le monte-sacs ; les transmissions de mouvement, qui, tous, sont installés avec l'entente parfaite du travail auquel ils sont destinés.

L'usine peut moudre en moyenne, et pendant l'année entière, 1,500 hectolitres de blé par mois, représentant 9,300 quintaux métriques de farine de toutes qualités, et 2,400 quintaux de son, recoupes, etc. par mois.

Ces chiffres montrent toute l'importance de l'établissement de MM. Cellière et Jalabert, les ressources qu'ils peuvent produire dans le pays par leurs achats de blés et leur production de farines, et motivent enfin la demande d'une médaille d'honneur hors classe, que nous avons l'honneur de proposer au jury.

Arrivant à l'Exposition elle même, nous dirons qu'elle est satisfaisante sous plusieurs rapports, mais elle n'est ni assez nombreuse, ni assez variée pour former des séries distinctes parmi lesquelles nous aurions pu trouver des points de comparaison.

En l'absence d'un programme bien défini, nous avons dû admettre, au même degré, les appareils achetés et présentés par les propriétaires, et les appareils présentés par les constructeurs eux-mêmes. Nous n'avons pas eu à rechercher s'il fallait plutôt récompenser le propriétaire qui dépense ses capitaux et son intelligence à se procurer et à répandre les instruments les plus perfectionnés, plutôt que le constructeur, qui expose une machine plus ou moins bien entendue, et le plus souvent copiée sur une autre. Ces deux cas se sont présentés à l'appréciation de la commission.

Nous avons été ainsi amenés à distinguer, sans nous attacher à suivre des séries, ce qui nous a paru le meilleur, soit comme choix, soit comme construction, sans distinction de genre d'appareils.

Néanmoins, nous avons divisé cette partie de l'exposition en 3 catégories principales :

1° Les machines à labourer et à semer, telles que charrues. herses, semoirs, etc.

2° Les machines à préparer les récoltes, telles que machines à battre, hache-paille, coupe-racines, etc.

3° Les appareils et instruments divers se rattachant à l'agriculture.

La 1re catégorie était la plus nombreuse. M. Henri Ract, de Montmeillerat, présentait une remarquable collection de charrues de divers systèmes, tandis que MM. Faure, propriétaire à Grenoble, et Richard Jules, propriétaire au Montolier, près Meximieux (Ain), exposaient des charrues perfectionnées par eux et appliquées à la nature de leurs terrains. Les charrues du pays n'offraient rien de remarquable.

Nous avons aussi à mentionner le rouleau Croskil présenté par M. Henri Ract, les deux semoirs de M. J. Chevalier, fabricant d'instruments à Ornex (Ain), et le semoir articulé de M. Boquin Maurice, de Lyon.

Dans la 2ᵉ catégorie nous avions 5 machines à battre à manége. Trois étaient des machines Pinel, système primé en 1855. Nous avons été cependant d'avis, mais seulement à titre d'encouragement, de donner la préférence aux deux autres machines à battre, exposées par les constructeurs. L'une était de M. Morand, mécanicien à Annecy, et l'autre de M. Thomas, mécanicien à la Tour-du-Pin (Isère).

3ᵉ Catégorie. Les meilleurs instruments étaient : le hache-paille de Shmit et Ashby exposé par M. Henri Ract ; le hache-paille et le coupe-racines de MM. Coudor et Poutaux, mécaniciens à Gemeaux (Côte d'or) ; une batteuse à bras et à manége de MM. Delaquis frères, mécaniciens à Sallanches.

Dans la catégorie de ces instruments divers, nous avons remarqué la roue hydraulique pour l'arrosage des jardins, de M. Pillet horticulteur à Chambéry ; les collections de mesures en bois et en fer pour les liquides et les grains, de MM. Mure frères à Chambéry.

La commission a encore distingué divers autres objets exposés par MM. Bocquin, Vallet, Bovagnet, Girier, Loiseau, Carcel, Leyris, Sylvoz, Vaudey, Duc, Truffet, Viard et Burgat, pour qui elle propose des récompenses en rapport avec leur mérite.

Culture en général.

TERRES, ÉTABLES ET ENGRAIS.

(MM. Berlioz Auguste, propriétaire au Pont-Beauvoisin ; Carcet Michel, avocat à la Cour impériale de Chambéry, et Curtet Joseph, juge de paix de ce canton, rapporteurs.)

Cette partie du programme a été bien remplie. Trente-un concurrents se sont présentés au concours, tous propriétaires dans des localités différentes, comprises dans les parties les plus reculées des deux départements de la Savoie et de la Haute-Savoie. La .commission, composée d'abord de sept membres, n'aurait pu convenablement remplir sa mission sans y consacrer un temps considérable ; elle a dû s'adjoindre neuf autres membres, aux personnes de MM. Berlioz, Collomb (de Grésy sur-Aix), Hudry-Menos, Montagnole, Nicoud, Quenard, Pillet Ch., Rey Charles et Rey Joseph-Claude, qui, tous, ont mis l'empressement le plus louable à se rendre sur les lieux assignés à chaque sous commission, malgré les pluies continuelles qui ont signalé l'époque de leurs visites.

La commission, en général, a pu se convaincre que, depuis quelques années, l'agriculture a fait dans les départements de la Savoie et de la Haute-Savoie, des progrès très-sensibles, qui sont dus principalement aux travaux et aux efforts incessants de la Société centrale d'agriculture de ce département, à l'intelligence et au dévouement de quelques propriétaires qui lui ont donné une salutaire impulsion. L'exemple d'un grand peuple auquel nous venons d'unir nos destinées, le perfectionnement des instruments aratoires, comme leur bon prix, les nouveaux débouchés qui nous sont ouverts aujourd'hui sans entraves par l'effet de l'annexion, la noble émulation que ce concours va imprimer aujourd'hui, sont, pour l'avenir, un nouveau gage de prospérité de cette branche si importante de la richesse publique.

Parmi les nombreux concurrents qui se sont présentés pour la grande culture, la commission en a distingué neuf, aux premiers rangs desquels elle a cru devoir placer MM. Ract Henri, propriétaire à Montmeillerat, et Montagnole Michel, propriétaire au Montcel. près d'Aix-les-Bains.

MM. Ract et Montagnole sont des candidats hors ligne ; nous avons dû apporter une attention spéciale à l'examen de leurs titres respectifs aux récompenses promises. Cet examen a été confié à une sous-commission composée de MM. Codet, Savoye, Sylvoz, et Carcet, rapporteur. Voici les résultats de son appréciation.

9

Propriété de M. Henri Ract, à Montmeillerat.

La culture de M. Ract est industrielle. Sa propriété, qui est très-étendue, présente, entre autres, onze hectares de prairies artificielles, trèfle et luzerne, d'une assez belle apparence : un hectare environ de luzerne semée au printemps parmi le maïs de bœuf, et dont la culture ne peut encore être appréciée ; un hectare et demi de betteraves globes d'une rare beauté ; quelques ares de chanvre de Carmagnole, et trois hectares de pommes de terre passablement soignées.

La culture des arbres et des treilles ne répond pas toutefois à celle des terres, et, à part la vigne basse, qui offre une assez bonne méthode de taille, le reste est généralement négligé.

Les étables de M. Ract sont de deux espèces : celles pour aumailles et celles pour porcs. Les écuries des aumailles sont disposées de façon que tous les sujets qu'elles renferment, séparés par des cloisons en planches, sont encore obligés, par une disposition des crèches particulièrement en usage dans l'Allemagne, à consommer toute la nourriture qui leur est fournie, sans la pouvoir choisir, ce qui est à la fois un progrès et constitue une véritable économie. Elles sont du reste propres, quoique péchant par le souspied, qui est bas et retient le purin. — Les animaux qui les garnissent appartiennent aux différentes races de Savoie, de Suisse et d'Ayr ; un taureau de cette dernière race est surtout d'une beauté remarquable.

Les écuries à porcs sont établies sur liteaux, et présentent deux rangs de bouges séparés entre eux par des ais, et au milieu par un couloir, ce qui permet d'y jeter de la nourriture sans les ouvrir. Les nombreux sujets qu'elles renferment appartiennent principalement à la race d'yorkcire mêlée de sang Bressau de Newes Leycester.

Le purin qui s'écoule de toutes ces écuries forme des flaques à ciel ouvert, et c'est sur le bord de l'une d'elles que sont déposés les engrais à demi couverts par un toit et périodiquement arrosés par une pompe aspirante et foulante.

Propriété de M. Michel Montagnole.

La propriété de M. Montagnole n'offre aucun point
de ressemblance avec celle de M. Ract ; la culture industrielle n'y a aucune part. C'est l'amélioration progressive,
constante et uniforme, obtenue avec de faibles ressources
mises au pouvoir d'une rare intelligence. Ses étables n'offrent rien de remarquable, et ses nombreux bestiaux appartiennent tous à la race du pays. Mais la propreté en
est exquise, le purin qui découle des écuries se rend dans
une fosse couverte pour être répandu sur les prairies , et
les engrais, déposés au sommet de la propriété et à l'abri
de plusieurs noyers séculaires, la fécondent de leurs éma-
nations.

Aussi la propriété de M. Montagnole présente-t-elle un modèle à tous égards. — Les prairies naturelles et artificielles
qui en occupent les trois quarts sont d'une tenue et d'un rapport admirables, ses céréales, d'un rendement et d'une beauté
exceptionnels. Ses cultures sont sans comparaison avec celles qui les environnent ; ses arbres parfaitement conduits. La
commission a même pu admirer, tout près de son habita-
tion, un champ de betteraves qui ne laissait rien à désirer.

Mais tel n'est pas le mérite de M. Montagnole. Ce qui le
distingue par dessus tout, c'est d'avoir admirablement su
approprier sa culture à la localité, et tirer tout le parti
possible de son domaine en augmentant à la fois la valeur
vénale et les qualités productives.

Néanmoins, malgré la supériorité incontestable de ce
mode sage et raisonné, la majorité de la commission, considérant que le but du concours est avant tout d'encourager les efforts tentés par l'introduction de méthodes de
cultures et d'instruments nouveaux, et que, sur ce point,
M. Ract paraît devoir l'emporter sur M. Montagnole, la
majorité de la commission a décidé de décerner le premier
prix à M. Henri Ract, et le second à son concurrent.

La commission est heureuse de signaler dans ces deux
exploitations, chacune dans ce qui la caractérise, un ensemble de perfectionnement que l'on ne saurait trop louer,

et surtout recommander comme modèle aux agriculteurs du département de la Savoie.

M. Magnin, dans un autre genre, a particulièrement fixé l'attention des commissaires. Cet intelligent agronome a eu le rare courage de créer dans des grèves un vaste domaine, aujourd'hui en pleine et bonne culture, et remarquable par le nombreux et magnifique bétail qu'il alimente. L'état des étables et celui des engrais, ces deux choses importantes de la ferme, ne laissent rien à désirer. Nous affaiblirions la valeur de notre pensée sur le mérite de ce candidat, si nous donnions à ces lignes une plus grande étendue.

M. Berthet Jean-François, propriétaire à Sainte-Hélène du Lac, avec de l'activité et une pratique éclairée, a défoncé, soit avec les bras, soit avec la fouilleuse, la majeure partie de son domaine d'une contenance environ de treize hectares. Il a planté environ 60 ares de vignes, dont chaque cep, soutenu par un échalas, est à la distance d'un mètre. Les binages n'ont pu être mieux soignés. Il a pris, dans sa commune, la louable initiative de remplacer, dans ses treilles, les érables par des poteaux en bois mort, ce qui double le produit des ceps en améliorant la qualité du vin.

M. Berthet a construit en outre une vaste étable qui peut servir de modèle aux cultivateurs du pays ; le purin s'en écoule, au moyen de canaux, dans des prairies naturelles, et il y entretient avec soin vingt grosses bêtes à cornes.

On remarque dans sa propriété vingt ares de betteraves rouges déjà volumineuses, malgré les pluies de la saison, et une luzernière de 60 ares environ, d'un beau rapport. On voit ainsi que cet agronome s'applique à tous les genres de culture. Il cultive de ses propres mains, tout en dirigeant les travaux, et exerce dans la localité une influence progressive très-utile aux cultivateurs de l'endroit.

Le fermier Chappelle, chez M. le comte de Boigne, a fait des frais considérables dans la propriété qu'il exploite, sacrifices auxquels les métayers se décident rarement. Parmi les améliorations produites par ses soins, nous citerons les suivantes :

1° Une pièce d'un hectare environ, ensemencée de trèfles. Cette pièce, autrefois en marais tourbeux, est aujourd'hui une terre de bonne qualité. L'intelligent fermier a obtenu ce résultat en faisant, dans toute la longueur de la pièce, un fossé profond et coupé par une quantité d'autres, qui, creusés dans ce sens, ◄◄◄◄◄◄◄ doivent nécesairement réunir toutes les eaux. Les drains en terre n'étant pas connus à l'époque, Chappelle a garni les fossés avec des cailloux, et a recouvert de bonne terre la surface de la pièce, dont le fond est une argile de marais mêlée de sable. Le canal qui reçoit toutes les eaux donne environ 80 litres d'eau à la minute, qui ne sert pas seulement à l'honorable fermier, mais encore à ses voisins, ce qui double son mérite.

2° Une autre pièce analogue à la précédente, soumise aux mêmes travaux, mais laissant encore quelque chose à désirer.

3° Deux petits prés drainés par les mêmes moyens, et où l'on trouvait auparavant l'eau à 30 centimètres, le sable ensuite. L'eau de ces prés produit aujourd'hui d'excellents fourrages.

Ajoutons que ces améliorations sont produites par un fermier qui habite au bord d'un grand marais, dans une localité où il est impossible d'aller en voiture.

De notables progrès ont encore été signalés par la commission chez quatre autres propriétaires, dont les terres, les étables et les engrais, tenus dans de bonnes conditions, fournissent des résultats qui méritent d'être encouragés. Ces propriétaires sont :

M. GIRARD Jean, propriétaire à l'Eluiset ;

M. LE COMTE DE VILLETTE, propriétaire à Giez, près de Faverges ;

M. DUNAND Jean, propriétaire à Pringy, près d'Annecy ;

M. LACOUR Joseph, propriétaire au Pont-Beauvoisin.

PRIX SPÉCIAUX

En dehors du programme, affectés à une seule des trois catégories, terres, étables et engrais.

En dehors des concurrents qui ont présenté les conditions voulues par le programme, la commission ne pourrait,

sans injustice, omettre de signaler plusieurs autres propriétaires qu'elle a jugés dignes de récompenses. En agissant
ainsi, elle croit répondre à la bienveillante pensée qui a provoqué ce concours agricole. Les uns se sont appliqués d'une
manière spéciale au défrichement avec un succès remarquable, d'autres aux atterrissements, d'autres enfin ont ex-
cellé dans les bonnes méthodes de culture et de création,
dans les constructions et l'entretien des étables, et surtout
dans la fabrication et la conservation des fumiers.

La commission place en première ligne, et à égal mérite,

M. DE MARCLEY François, propriétaire à Saint Jorioz (Haute-Savoie), qui a défriché environ vingt-deux hectares de
broussailles, qu'il a converties en riches prairies de sain-
foin ;

M. LANFREY Christophe, propriétaire à Saint Laurent du
Pont (Isère), qui a également défriché quatre-vingts hectares environ de marais, aujourd'hui en pleine culture de betteraves et de froment.

La commission doit encore mentionner particulièrement
les propriétaires dont les noms suivent :

M. GASPARD Christophe-Marie, maire de Saint-Avres, arrondissement de Saint-Jean de Maurienne, s'est surtout distingué comme président de la société créée pour les atterrissements, qui sont non seulement une amélioration en
agriculture, mais encore, pour ainsi dire, une création. Ce
digne fonctionnaire mérite d'autant plus d'éloges et d'encouragements, qu'il a travaillé depuis dix ans, avec une
infatigable ardeur et une intelligence supérieure, à améliorer le sort d'une pauvre commune confiée à son administration. Avec le secours des habitants de cette commune,
il a fait défricher huit hectares de terrain couverts d'épines
et de ronces, et qui sont aujourd'hui garnis de meules de
seigle, de froment, de pommes de terres, chanvres et maïs.
M. Gaspard a fait en outre atterrir vingt quatre hectares environ de grèves de l'Arc avec les eaux de cette rivière,
qui sont aujourd'hui couverts de blaches et peuvent être
livrés à l'action de la charrue. Le minimum de la hauteur
du limon est de 0,60 c. On n'a vu nulle part, dans les vallées
de l'Isère et de l'Arc, même avec l'action et les ressources

du gouvernement sarde, des atterrissements plus prompts et plus riches.

M. le marquis Léon Costa de Beauregard se fait remarquer par la bonne tenue et la propreté, mêlée d'élégance, de ses vastes étables près de son château à la Motte-Servolex, et surtout pour le système qu'il a adopté pour la conservation des fumiers, système aussi ingénieux que simple, et qui peut être à la portée de toutes les bourses, en suivant une échelle plus on moins grande. Ce système a pour base l'emploi d'une couche de plâtre qui recouvre les surfaces des fumiers, pour empêcher la déperdition des principes volatils dont on connaît la puissance fertilisante.

M. Guiguet Claude, propriétaire à Saint-Thibaud de Couz, a métamorphosé environ cinquante ares de rocs et rocailles en terre labourable. Quant on voit aujourd'hui la charrue se promener avec orgueil sur ces lieux autrefois si arides, on est saisi d'étonnement et d'admiration, surtout pour le laboureur intelligent et courageux qui donne de si beaux exemples déjà suivis avec émulation par ses semblables.

M. Chambonnal Emmanuel, avec des sacrifices de tout genre et une constance admirable, a, pour ainsi dire créé un domaine de huit hectares en la commune de Saint-Pierre de Belleville, canton d'Aiguebelle. Il y a élevé d'innombrables treilles, et planté plus de trois cents mûriers, d'une belle végétation, dans un terrain schisteux, délaissé du torrent de la Corbière ; et au moyen des eaux du torrent dévastateur, il fait des irrigations et des atterrissements qui, dans quelques années, le dédommageront sûrement de ses dépenses. Enfin, M. Chambonnal a construit dans sa propriété un vaste rustique où l'on remarque dans l'écurie les mangeoires et les cunettes en ciment, ces dernières conduisant le purin dans une vaste fosse recouverte.

M. le docteur Mottard, médecin à Saint Jean de Maurienne, a attiré l'attention et même la curiosité de la commission par la nature et la tenue du jardin expérimental qu'il dirige depuis de longues années avec une intelligence et un dévouement remarquables. Nous y avons remarqué plus de trente espèces de blés, presque tous étrangers, dont quelques-uns se distinguent par la grosseur et la longueur des épis et la beauté du grain ; plus de trente espèces de cépages étrangers et une quantité de variétés de poiriers.

Ce jardin est un véritable laboratoire d'expériences agricoles et d'acclimatation des plantes exotiques, dont M. Mottard distribue les meilleures espèces aux cultivateurs du pays, pour être livrées à la grande culture. Le genre de travail, en même temps théorique et pratique, est d'une utilité incontestable, et partant bien digne d'éloges.

Enfin, de justes éloges doivent être donnés aux trois ecclésiastiques par lesquels nous terminons ce rapport, et qui prouvent ce que peuvent en agriculture le courage et la constance, aidés de l'intelligence.

M. Crozet-Mouchet, chanoine à Annecy, et connu par ses capacités agronomiques, a apporté de notables améliorations dans sa propriété, en donnant à des terrains stériles une valeur réelle, et conduisant ses cultures avec intelligence et d'après les meilleures méthodes.

M. Farnier Jean-Claude, curé de St-Thibaud de Couz, avait son presbytère environné de rocs ; il les a fait disparaître, et a créé à leur place une superbe prairie d'une rare beauté, au moyen de quelques brins de terre quêtée çà et là, et d'une irrigation pour ainsi dire permanente qui rend très-fertile cette petite prairie de quarante ares environ d'étendue.

M. Nicoud Joseph, curé à St. Cassins, a desséché une égale quantité de terrain près de son presbytère, là où une chèvre n'eût pas tenté de s'arrêter trois ans auparavant. On y récolte aujourd'hui annuellement au moins vingt quintaux métriques de foin et de regain de première qualité.

(Suivent les propositions de la commission pour les prix à décerner aux exposants de cette catégorie.)

Domestiques de Ferme.

(M. Rey Luc, avocat, rapporteur.)

La commission chargée d'examiner les titres des concurrents pour les prix attribués aux domestiques de ferme, vient vous faire connaître le résultat de son examen. Elle est heureuse de constater tout d'abord qu'elle a dû reconnaître aux concurrents de véritables titres à une récompense.

Nous devions certainement nous attendre à rencontrer dans notre chère Savoie, le pays de la fidélité et de la loyauté par excellence, non-seulement des valets de ferme honnêtes, probes, laborieux, dignes d'estime, tels qu'ils devraient être tous, mais encore des hommes de vertu, ayant fait plus que leur devoir, ayant poussé le dévouement, le travail et la bonne conduite jusqu'aux dernière limites du possible, et bien au-delà de celles qui sont de par les lois marquées à la vie de tous les citoyens.

Dans tous les rangs de la société, dans toutes les circonstances de la vie, il est bien difficile de toujours faire son devoir ; il est excessivement rare de voir faire davantage. Lorsque l'accomplissement du devoir, lorsque la pratique de la vertu se rencontrent dans les conditions les plus pénibles de la vie, chez des hommes privés des satisfactions sociales et voués aux sacrifices, on doit manifester hautement de l'admiration, et regretter que des récompenses nationales ne soient pas instituées pour de tels citoyens.

La Société centrale d'agriculture du département de la Savoie a donc eu une bien belle pensée, elle a pris une détermination bien équitable, lorsqu'elle a décidé que, au concours agricole par elle institué, il y aurait des prix pour les bons domestiques de ferme.

Encourager la production agricole sous toutes ses formes, primer le bétail, les cultures, les machines, les produits, c'est d'une utilité incontestable pour le progrès de l'agriculture. A plus forte raison doit on aussi encourager ceux qui sont la cause immédiate de ce progrès, ceux qui, par leurs soins de chaque jour, par leur intelligence, leur travail et leur patience, rendent réalisables les efforts du propriétaire.

Pénétré de la justesse de ces considérations générales, votre commission a examiné les demandes qui ont été adressées à la Société ensuite des dispositions de l'article 4 du programme du concours. La commission a pris toutes les informations nécessaires pour être à même de se prononcer en connaissance de cause, et formuler son jugement sans crainte de surprise ou de fraude.

— Une demande a surtout vivement impressionné la commission, c'est celle du nommé CLAUDE CAGNON, feu Jean, né à Cessens, canton d'Albens. Cet homme, âgé de 64 ans, sert comme valet de ferme dès l'âge de 11 ans : il a donc déjà 49 ans de sa vie consacrés à l'agriculture. Depuis 33 ans il est au service de la famille Collomb, à Cessens, dans laquelle il a pu voir trois générations. D'une conduite toujours exempte de reproches, d'une application constante à ses travaux, il a donné les preuves du plus grand dévouement pour ses maîtres.

L'exploitation à laquelle il était attaché, sans être considérable, n'a pas moins une certaine importance dans un pays de petite propriété comme le nôtre. La propriété de la famille Collomb est de 18 hectares, et c'est Cagnon qui a toujours été le principal agent de l'exploitation. Le grand père Collomb étant mort, son fils Joseph fut à la tête de la maison. Par suite d'accident bien malheureux, il éprouva des pertes et dut contracter des dettes. La dureté des travaux auxquels il dut se livrer, les ennuis que lui causaient ses pertes imméritées, abrégèrent sa vie ; il mourut laissant une veuve et douze enfants en bas âge, et une succession obérée. Claude Cagnon, quoique ses gages ne fussent point payés, ne réclama pas ; au contraire, il resta dans la maison, redoublant d'ardeur au travail, aidant la veuve à élever ses enfants. Il contribua par son intelligence, sa patience et son zèle, à diminuer beaucoup les charges laissées par Joseph Collomb, à élever le produit du domaine et à ramener l'aisance dans cette famille. Il eut le bonheur de voir grandir les enfants de son maître, et l'un d'eux, l'aîné, Pierre Collomb, prendre à sa majorité la direction de la maison, soutenir ses frères qui venaient encore de perdre leur mère, qui, avant de mourir, ne manqua pas de recommander à l'affection de ses enfants leur fidèle et bon serviteur. La conduite de Claude Cagnon est aujourd'hui citée comme un modèle non seulement dans la commune de Cessens, mais encore dans les communes environnantes.

.La commission demande au jury (accordé) un prix spécial, jugeant insuffisant même le premier des prix portés au programme, pour cet honnête et vertueux valet.

— Un autre concurrent de la même commune s'est présenté aussi avec des titres remarquables : c'est le nommé BONTRON JEAN-CLAUDE, qui est resté 57 ans au service de la même famille. Entré au service de la famille Janin dès l'âge de 10 ans, à 17 ans il méritait de passer valet de ferme, et dès lors il a tenu les cornes de la charrue jusqu'à ce que la vieillesse, diminuant ses forces, vint l'obliger à se réserver pour des travaux moins pénibles La conduite de Bontron a toujours été des meilleures, et il jouit dans sa commune de l'estime de tous ses concitoyens.

— Un troisième concurrent, le nommé CLAUDE GUILLERMAIN dit GABRIEL, âgé de 72 ans, né à St-Alban de Montbel, est au service de la famille Lacour, au Pont-Beauvoisin, dès 1815, en qualité de domestique. Il compte 45 ans de bons et loyaux services non interrompus. Pendant cette longue période il a constamment tenu une conduite régulière, servi avec zèle et dévouement, satisfait ses maîtres, et mérité l'estime de tous ceux qui le connaissent.

— La nommée PÉRONNE DÉLORME, servante chez M. Miguet Jean, propriétaire cultivateur à St-Jean de la Porte, s'est aussi présentée avec des attestations régulières d'un service continu de 35 ans dans la même maison. Pendant tout ce temps sa conduite a été probe et honnête : elle a accompli ses devoirs avec zèle et intelligence.

La commission a dû encore distinguer : 1° Tardy Joseph de Puisgros, valet de ferme chez le sieur Lombard François, propriétaire cultivateur à Ugine, dès le 1er mai 1816 jusqu'à ce jour ; il a donc 32 ans de service. Par sa bonne conduite, son zèle et son intelligence, il a toujours mérité l'affection de ses maîtres et de ses concitoyens.

2° Perret Martin, de Bourgneuf, maître valet de ferme, chez M. Pepin Jean-Claude de la même commune. Perret Martin compte 26 ans de bons services. Sa conduite n'a jamais donné lieu à aucun reproche, et ses maîtres ont toujours eu à se louer de son application au travail et de son dévouement à leurs intérêts.

3° Tirard Annette de St Pierre de Génébroz, au service de Mme Marie Bonier veuve Milloz, aux Echelles, depuis 19 ans. Annette Tirard a rendu de vrais services à ses maîtres par son zèle soutenu et une intelligence peu commune pour les travaux de son sexe dans une exploitation agricole importante. Sa conduite a toujours été excellente et lui a mérité à juste titre l'affection de ses maîtres.

(Suivent les propositions de la commission.)

LISTE ALPHABÉTIQUE DES EXPOSANTS

AVEC LA DÉSIGNATION DES PAGES OU ILS SONT CITÉS.

(1) Oublié à la page 78, 4ᵉ division.

(2) Oublié dans le catalogue, 2ᵉ division.

---

(1) Oublié dans le catalogue des exposants.

Pétraz Driane, 50.
Pichat Louis, 45, 89.
Pillet Benoît, 54, 92, 93, 95, 121, 123, 128.
Pillet Jacques, 75.
Pinget (notaire), 78.
Plagne Joséphine, 62, 93, 124.
Poencin-le-Bon, 53.
Pollet Laurent, 42.
Pollet Joseph, 56.
Pollet Pierre (Vimine), 43.
Pollet Pierre (Cognin), 47.
Polingue Louis, 73.
Poncet Marie, 78.
Pontbichet et Cᵉ, 74, 100.
Portiglia François, 69, 101.
Prière Jérôme, 40.
Python Victor, 78, 92, 120.

Q

Quairon Laurent, 40.
Quairon Laurent, 59.
Quairon Joseph, 36.
Quenard Pierre, 47, 129.

R

Ract Henri, 36, 38, 42, 48, 54, 67, 88, 90, 93, 94, 96, 100, 123, 127, 128. 129, 130, 131.
Ramaz, veuve, 44, 89.
Raymondon, veuve, 69, 103.
Revel, médecin, 61. 99.
Reveyron Joseph, 37.
Rey Charles, 27, 48, 92, 119, 129.
Rey J.-Maurice, 68, 101.
Rey Luc, 54.
Rey Maurice, 66, 103, 108.
Rey Pierre, 59.
Reynat (St Michel), (1) 102.

(1) Oublié dans le catalogue des exposants.

Richard Jules, 37, 56, 95, 127.
Riondet Jph.-Henri, 78.
Roche et Paradis, 66, 103.
Roche et Thabuis, 74, 102.
Rosset Eugène, 70, 104.
Rostaing Victor, 35.
Roulet Alexis, 47.
Routin François, 46.
Rubin J.-François, 63.
Rubin Louis, 73, 107.
Ruffier frères, 67, 103.

S

Sadoux Joseph, 43.
Saluees François, 60, 105.
Savoye Eugène, 44, 49, 51, 129
Seux Pierre, 71, 106.
Sorbon Jean, 66, 103.
Sulpis Antoine, 46, 90.
Sulpis Jean, 38, 42.
Sulpis Jean dit Rosset, 35, 36, 39, 41, 88.
Sulpis Philibert, 40.
Sylvoz Charles, 50, 55, 90, 92, 93, 96, 108, 122, 125, 128, 129.

T

Tampion Antoine, 61.
Tampion Sébastien, 100.
Tardy frères, 72, 106.
Tardy Joseph, 78, 98, 139.
Terme Lazare, 78.
Thiabaud François, 75, 105;
Thomas François, 35, 55, 95, 128.
Tiollier Sébastien, 71.
Tirard Annette, 78, 98, 140.
Tissot Anthelme, 62, 93.
Tissot Jeanne, 62, 93, 124.
Tournier J.-Marie, 38, 89.
Trouillet et Cᵉ, 72, 102.

TABLE DES MATIÈRES

9 782019 952082